逆变力

拥有成功者的
隐藏特质

[日] 富山和彦 ◎ 著

郑文洋 ◎ 译

古吴轩出版社

图书在版编目（CIP）数据

逆变力：拥有成功者的隐藏特质 / （日）富山和彦
著；郑文洋译. -- 苏州：古吴轩出版社，2021.9
ISBN 978-7-5546-1715-1

Ⅰ. ①逆… Ⅱ. ①富… ②郑… Ⅲ. ①挫折(心理学)
－通俗读物 Ⅳ. ①B842.6-49

中国版本图书馆CIP数据核字(2021)第018223号

ZASETSURYOKU–ICHIRYU NI NARERU 50 NO SHIKOU,KOUDOUJUTSU
Copyright © 2011 Kazuhiko TOYAMA
First published in Japan in 2011 by PHP Institute, Inc.
Simplified Chinese translation rights arranged with PHP Institute, Inc.
through Hanhe International(HK) Co., Ltd.

责任编辑：李爱华
见习编辑：任佳佳
策　　划：监美静　柳文鹤
封面设计：仙境书品

书　　名：**逆变力：拥有成功者的隐藏特质**
著　　者：［日］富山和彦
译　　者：郑文洋
出版发行：古吴轩出版社

　　　　　　地址：苏州市八达街118号苏州新闻大厦30F　　邮编：215123
　　　　　　电话：0512-65233679　　　　　　　　　　　传真：0512-65220750

出 版 人：尹剑峰
印　　刷：天津旭非印刷有限公司
开　　本：880×1230　1/32
印　　张：7.75
字　　数：126千字
版　　次：2021年9月第1版　第1次印刷
书　　号：ISBN 978-7-5546-1715-1
**著作权合同
登 记 号**：图字10-2020-27号
定　　价：49.80元

如有印装质量问题，请与印刷厂联系。022-22520876

致年轻人以及怀有一颗童心的中年人

"逆变力"，猛然看到这个书名，也许你们会觉得有些奇怪。简单来说，我希望它被理解为热爱挫折、克服困难、活学活用的力量。本书并不是想要告诉大家怎样去避免挫折，怎样在受到挫折后找到"满血复活"的方法，而是想说，越是没有挫折的人生，越是窘迫无聊。或者说，经历过挫折的人，更有可能度过丰富多彩的人生。希望人们更加积极地去面对挫折并体验挫折，然后驾驭它，超越它，掌握更好适应当今社会的积极向上的方式方法。

其实最开始，我写这本书的主要原因有三个：

第一个原因，挫折是人一生之中不可避免的事。不知算幸运还是不幸，大家过去好像都被绑在同一个希望通往成功的传送带上，而传送带的终点却是成功不再唾手可得。现在的年轻一代，仿佛只有毕业于名牌大学、任职于上市企业才是成功的，可到底有多少人能够这样继续安稳地度过一生呢？如果用这个标准来衡量，相信绝大部分人都曾遭受过这样或那样的挫折。当你越是能看清当今世界的形势，这样的想法就会越强烈。

人生无常，我们在成长过程中肯定会遇到许多无法预料的事，高考落榜、求职失败、四处碰壁等等。当然，挫折不一定就是人生的绊脚石。我认为父母有责任让孩子意识到这一点。无论你是逃避也好，战胜它也好，还是被打败也好，只要你能处理好与挫折的关系，那么它将是你最不可或缺的一个经验。

第二个原因和我个人的经验有关，也出于我和家人所经历的事。我身边有很多人过着富裕的生活，当他们回想走过的路，都会感慨地说："挫折让人成长，挫折让人富足。"当然，前提是受到挫折后，要更加努力地去思考和研究，继续努力。

我最早从事的是产业再生机构的工作，直到现在，我也专门从事企业的经营改革和重组，我的工作就是在产业再生中让遭遇挫折的企业重新振作。这份工作让我了解到：一般企业在经受一次挫折后，很难从挫折中恢复过来，但如果成功战胜了挫折并重新振作的话，这个企业就会达到其他竞争对手无法企及的高度。越是被逼到破产边缘的公司，越是知道怎样节省成本、怎样让员工更加团结。当然也有公司明明知道未来已经模糊不清，却不去想着怎么重新振作，而是有一天过一天。

作为贫穷的北美移民，我的祖父母经历了日美关系的恶化，父亲也经历了正值辉煌的公司在短时间内的败落，包括我也经历了挫折，如司法考试失败，刚刚拿到公司内定职位又离职，留学毕业后却面临经济危机等，但我们都在挫折中收获了许多东西。

第三个原因，在这个时代想成为掌握人生主动权的人，无论对与错，挫折都是必不可少的，不论是公司经营还是国家管理，都是一样的。现在的商人面对人口减少以及贸易周期逐渐缩短的趋势，和过去经济高速成长期的商人相比，肯定经历着更加严格残酷的考验。一样的内容在以前可以沿用四十年，但如今，用五年、十年就已经追赶不上时代发展的脚步了，这种快餐式消费，如今已经成为趋势。

零售业和IT业不用多说，就连汽车的方向盘、制动器、加速器等非常基础的构造产业，也要面临大规模节能汽车的冲击。换句话说，如今的公司面对市场的多样化，需要随时调整策略，涉足全新的行业来获得成功。就像以前大家都喜欢棒球，后来渐渐变成垒球，再变成板球，然后又变成现在的足球一样。

这样的时代并非"平安无事"，而是处于"战备状态"的，如果不勇敢进行挑战的话，企业就无法生存，当然挑战越多意味着失败越多。因此我们回顾失败，分析败因是非常有意义的，但是如果失败后就不接受新的挑战，那公司就不会有任何改变与发展。可以把这种勇敢迎接挑战并回顾分析败因的做法理解为有效地利用挫折，也可以说是挫折的力量。

在这个瞬息万变的时代，企业要懂得"忍痛割爱"，如果发现某个项目不能继续，就必须果断地放弃。当然，在公司组织的共同体中，一定会有牺牲者，任何一个公司都很难让全体员工感到满意，其中最为典型的是终身雇佣制。如果业务经营形态在五年到十年间发生改变的话，很难连续雇佣一个人几十年，更不可能一直照顾到退休，员工平均工龄在十年左右的公司在今后的社会中一定会不断增加。

在这样的时代，要想成为一个合格的领导，一定会面对不得不牺牲某人的经营决断，也一定会招致公司内外很多人的怨恨。作为领导，一定要有承受这种压力的能力。现在的领导者大部分为了避免与公司内外人员对立，从而成为"讨好型"的两面派，所以他们不能应对那种很激烈的突发状况。如何拥有这种能够战胜别人的能力，也是我想在本书中传达的"逆变力"之一。

以后的世界愈加变幻莫测。在人类的历史中，我们的祖先曾经历无数次巨变，并成功将伟大的生命延续至今。无论处于什么样的时代，我们都不能心生畏惧，也不能放弃生命，而是要在这样充满变动和不安的时代中，仍然去传递愉快生活的力量。

　　我认为，与其感叹时过境迁，不如将有限的人生演绎到极致。对于生活在20世纪和21世纪夹缝中的父母一代，以及从现在开始将一直生活在变幻莫测和不安的21世纪的年轻人，还有想要把自己的人生作为"最大遗物"留给下一代的中老年人，给予他们一些勇气和美好人生的契机是本书的目的。如果非要说一下私欲，我希望能够成就和塑造新时代的强大领袖，哪怕多增加一个人，对我来说也是莫大的欣慰。

富山和彦

目 录 Contents

第一章
逆变带来成长

最能够让人成长的就是挫折

如今，大家或多或少都可以感受到日本经济增速放缓甚至停滞不前的状态，同样状态的企业也是多如牛毛。但是想要改变现状，并不是靠那些在顺境中成长起来的优秀的领导者。当然，优秀领导的谋略与智慧必不可少，但更需要能够经受挫折锤炼的人。那么，究竟要怎样做才能成为那样的人呢？其实很简单，只要不恐惧失败，直面挫折，把这种受挫的经验转换为力量，从而突破束缚。换句话说，就是善于迎接挑战。

迄今为止，在顺境中成长起来的优秀的领导者，总的来说都曾经是学霸。他们的头脑非常聪明，但普遍存在着一个明显的缺点——害怕失败。因此他们大多只会去挑战成功概率很大的事或者一定会成功的事，这就导致他们不懂得被逼到悬崖边的那种紧迫和无助，无法体会孤立无援的心情，更不知道每件事的解决方式并不像考试题一样只有一个标准答案。轻易就获得成功的人或者是只挑战过很容易成功的事情的人，一旦他的人生走错一小步，或者刚好超出一点儿自己的框架，就会陷入绝望与无助之中。

在当今的这个时代，人生起起落落甚为平常。只能迎接成功却不能面对挫败的人，不一定会过得幸福，而且和这种人一起生活和工作的人，也会一样变得非常苦闷。这样的人，不容易扩展自己的各种可能性。即使作为领导，因为神经敏感，在业绩上面也不会有很大作为。

如果是一个有过各种挑战经验的人，他会怎么样呢？屡败屡战、愈挫愈勇，在这个过程中能迸发出无限的可能，收获也会越来越多。当然，受到挫折与阻碍也是理所当然的，这也是挑战者的特权。

所谓挑战，就是尝试自己能力范围以外的事情，即便会受到挫折。这种挑战，会让人拥有更强大的力量。每当受到挫折，我们需要在失败中反省，权当是人生当中的一次学习。被贬低也好，被批评也罢，哪怕置身于人们最厌恶的地方。即便当时会非常痛苦，但用长远的眼光看，这何尝不是一种难得的经历？甚至可以说，这是一次突破自我的机会，可以拥有一次宝贵的学习经验。

在年少时，不断被各种挫折磨炼，至少会带来以下几点好处：

1.愈挫愈勇。在年轻的时候，身心的恢复力非常强，经过多次挫折之后，软弱的部分反而会变得更强。

2.从头再来的从容。因为年轻，可以在受到挫折以后停下脚步，回头观望一下，也许就会发现过去很多放不下的，当时也可以一笑而过。

3.总结这次失败的原因，为下一场战斗做最充足的准备。

4.最后一点，也是最重要的，只有受过挫折才能找到自己真正的定位。

换句话说，如果没有经历挫折的经验，只是沉浸在微小成功的战果中，人会变得很难接受失败，心理承受能力会逐渐变弱、抗压性会变差，从而更喜欢活在过去，无法及时发现自己的缺点。这种状态虽然在平时不会明显地表现出来，但是在公司改革等重大事件上，会无限地放大。

在日本的各种社会团体中，在顺境中成长起来的优秀的领导者占据多数，他们中的大部分人都没有过任何挫折经历。当公司面临经营困难，必须进行改革的时候，这些领导不会对改革有任何帮助。

所谓挫折，证明着你能够挑战自我，也代表着成长。

年轻人，去披荆斩棘吧！

1983年，我二十三岁，当时那种拼命学习的劲头仿佛在今后的人生中不会再有，但非常遗憾，在本以为一定会通过的司法考试中再度失败。我因此遭受了非常大的打击，因为我只剩最后一次机会。之后我再次埋头苦学，终于在第三次努力后通过了司法考试。从东京大学顺利毕业和通过司法考试，人生中能够拥有这两个经历，我可以毫不谦虚地承认自己是一名精英了。但在我第二次为了参加司法考试而认真学习法律知识的时候，那种想要成为一名优秀律师的意识开始渐渐模糊。至于第三次考试，从某种意义上讲，通过考试，已经并不是因为热爱，而是在完成自定的某种任务。

祖父母和父亲的人生起伏（具体过程本书后面章节会讲到）导致我认为成为一流企业的职员或政府机关的公务员是很无聊的事情。所以在大四的第三次司法考试的论文科目考试结束后，我就开始把重心放在了寻找心仪的工作上面。到那时我才发现，作为一名学生，我所知道的世界实在过于狭隘，原来这个世界还有更有趣的一面。因此，我虽然在八月份作为一名东京大学毕业生，收到当时最受欢迎的一流企业的录用通知，但我并没有打算去那里工作。不客气地说，我只把那个超一流的企业作为候选，以备不时之需，然后又去寻找其他有趣的、符合自己意向的公司。

当时，我第一次听说了投资银行和外资咨询公司，其中一家叫所罗门兄弟的投资银行正好在招聘应届生，但是所谓的金融市场，那时候并没有引起我太多兴趣。我把目光全都集中在了做企业并购业务的公司，这种公司可以很好地积累经验，对于以后求职、跳槽有很大帮助。

波士顿咨询公司和麦肯锡公司也在招聘应届生，我很幸运地收到波士顿咨询公司的录用通知，再三考虑之后决定入职。

非常讽刺的是，虽然我几经失败才通过了司法考试，但是我已经完全被咨询公司这一未知领域深深地吸引。一般来说，通过了司法考试，接下来就要为了考取律师资格证而先成为司法实习生，但我放弃了成为一名法律人士的机会，选择进入波士顿咨询公司。现在回过头再来看，从第二次司法考试遭受失败的时候，我的人生就已经发生了很大的变化。

现在的咨询公司会被认为是一个很高端的行业，可在当时，它还是一个鲜为人知的新兴行业。正因为如此，周围的人都用不解的目光看着我，但我依然非常相信自己的直觉，怀着对未来的憧憬进入了波士顿咨询公司。实际上，面对未知前方的我，只是一个刚刚步入社会的新人，完全无法也无力适应公司内部复杂的情况，而且当时的波士顿咨询公司东京分公司只不过是个有三十人的中小企业。

进入公司一年之后，我追随辞职独自创业的吉越亘先生，跳槽到新公司CDI（Corporate Directions, Inc.）。跳槽并不是因为有什么明确的人生目标，而是因为我进入波士顿咨询公司后，最初被分配到的团队就是吉越亘先生所领导的团队。这是一个偶然事件，却是我人生中最重要的一次跳槽。就这样，仅仅过去一年，我就离开了曾令我满怀希望的波士顿咨询公司。应届生能进入国际战略经营咨询公司工作是难得的，而且这个公司在当时的美国被称为精英聚集点，但是我"成功"从日美两国所谓的精英路线上退场，这些事情都发生在三十年前。在别人看来，怎么说这也不能算是一个一帆风顺的开始，但是这些"挫折"对我来说，却是人生道路上最重要的精神食粮。

我在步入社会一年后，就拥有创立公司这种宝贵的经验，辛苦也是必然的，毫不夸张地说，我当时已经达到了废寝忘食的地步。努力的人运气一定会很好，在经济泡沫时期，公司在我们的努力下也顺利地发展起来，它让我们体会到了一个公司从无到有的喜悦。结合之前在波士顿咨询公司的经历，我意外地发现了自己的兴趣所在，对我来说，这个体验是非常难得的财富。在那之后，我任职产业再生机构的首席运营官，从零开始创立公司，以及重组倒闭的企业，这些实战经验都起到了非常大的作用。

年轻人，去披荆斩棘吧，去寻找一片荒地，用自由的双手去体验痛苦的失败，去创造、学习。此后，在前方等待着你的必然是全新的人生。

明治维新也是因为挫折的力量

　　请允许我在这里暂时不谈自身的经验，而是去讲一下历史故事。由于受到巨大挫折而变得更加强大的最好案例应该是日本的明治维新。明治维新以前，江户时代形成了以武士为首的特权阶层。虽说江户时代在世界史上是罕见的和平时代，但武士阶层在那时独享武器和武术，他们可以无限制地使用暴力，进而拥有大部分的财富。不过，由于掌权者能够维护好各方的利益，江户时代的和平持续了很久。如果施行很严重的赋税政策剥削国民，恐怕那时的日本早就已经开始了革命。他们推崇的幕藩封建体制巧妙地欺骗了士农工商阶级，使日本的和平持续了近三百年。然而，幕府末期出现了外部敌对力量，这是一根导火索，使得社会矛盾爆发，日本也因此从攘夷运动开始走向倒幕运动。

倒幕运动对很多参加者（其中的大半是士族本身）来说，只是一项单纯的工作，以打倒德川家族的统治，自己取而代之为目的。戊辰战争的时候，这些人本身就像流水线作业的工人一样，只要按照萨摩藩的领导人西乡隆盛、大久保利通，长州藩的领导人桂小五郎等人的话去做就好了，因为他们之间的利害关系，在打倒幕府这一点上面完全一致。因此，某种意义上只是单纯的意见统一，如果推倒幕府统治，就可以顺理成章取代幕府的地位，享受幕府的权益，就无所谓谁领导谁。萨摩和长州的很多藩士都认为可以趁此机会成为幕阁。虽然这件事情会被很多人认为超越了战备状态，已经进入战争时期了，但在这个阶段，充其量只是各个贵族之间的权力斗争而已。

倒不如说真正的战争是发生在幕府被推翻以后。很明显，明治新政府施行的政策是为了使士族阶级解体，这是对传统体系的大幅度变革：明治二年（1869）实行版籍奉还政策，全国藩主的土地和人民都返还给了政府；明治四年

（1871）颁布了废藩置县制度，废除了全国各藩，府县继续存在；另外，明治九年（1876）的俸禄条款废除了华族和士族的俸禄；同年，颁布废刀令，禁止士族带刀。至此，士族阶级的问题完全解决。

明治维新时，推倒幕府还不能称为革命，准确来说应该是同一士族阶级之间的权力斗争。虽说因为此次战役，有些人的身份由农民变成武士，但究其根本，与农民和其他阶级无关。倒不如说在明治新政府成立不到十年的这段时间内，"四民平等"的系列政策更加符合革命所需的条件，这些才是真正意义上的革命。

正因为新政府颁布的一系列政策，明治维新的胜利者，士族阶级一夜之间成为新政府改革的最大抵抗势力。明治十年（1877），士族的反政府武装力量发起的西南战争是当时抵抗的最高峰。什么力量可以使其对同族的人做出这种事呢？我认为是明治政府聚集的人经历过太多挫折。众所周知，革命是必须要流血的，他们中的大多数人都是被幕府、其他藩的抗争和自藩的内讧所玩弄于股掌之间的弱势一方，甚至多次被逼到垂死边缘。

　　长州藩平定士族武装力量的反抗以后，明治时代的国家政策才终于从江户时代彻底分离出来。因为在第一次长州征伐时长州藩被幕府打败，重臣们剖腹自尽，国家陷入了存亡危机。作为维新元勋的桂小五郎害怕遭到暗杀，到处躲藏逃命，沦为世人的笑柄。另外，在岛津齐彬旗下非常活跃的西乡隆盛，在齐彬死后，被藩内势力所排挤，从而被流放孤岛，在那里因绝望而选择自杀。一起自杀的僧月照不治身亡，而西乡却奇迹般地活了下来，也是经历了非人的挫折体验。"维新三杰"中的另一个人大久保利通，在萨摩藩中也是下级武士。他在年轻的时候触犯了藩主，被打压了很久。后来他终于等到了能够翻身的机会，但在阶级意识很强的江户时代，却空有真才实学而无处可用。

　　长州藩和萨摩藩，内部同时存在倒幕派和挺幕派，还有攘夷派和开国派针锋相对，类似寺田屋事件这样同志之间刀剑相向的事件也时有发生，这场权力争斗结束的原因是与英国的战争。当时改革运动大思想的基础还是攘夷，在实力强大的两个藩中，攘夷思想活跃，从而导致了与英国的军事冲突。结果在下关战争与萨英战争中，他们受到了"理想很丰满，现实很骨感"的大挫折。这是当时的日本由倒幕走向现实路线的一大转折点，正所谓"败中有胜"。

明治时期幸存下来的萨摩及长州的武士们，多次重复着这样壮烈的经历，他们从挫折后的屈辱中得到了精神洗礼。当现实需要大家为国家抛头颅、洒热血时，这种精神就能够自上而下坚决地贯彻下去。被曾经的兄弟背叛，或舍弃掉曾经一起出生入死的战友，这可以有效防止以后的士族叛乱。因为他们拥有超常的战斗力，都遇到过数不清的挫折，遭受过背叛，在关键时刻，也都具有驾驭权力的"疯狂"想法。

这个模式在日本以松下幸之助为首，还体现在像刘邦、恺撒、华盛顿、丘吉尔等世界史册有记载的名人身上。他们年轻的时候，几乎都遭遇过连败或惨败，随时都可能失去生命，在饱受挫折之后，才培养了实现改革和成就一番事业的斗争能力。

挫折会给有志于改革的人带来强大的生命力和战斗力。

逆境变革让韩国的经济高速发展

前些年，韩国企业的发展势头高歌猛进。首尔的仁川机场成为亚洲的枢纽，釜山港的货物吞吐量超过了日本的多个大港口。即使在娱乐圈，全日本也不断掀起崇拜"韩"的热潮。但其实韩国的这种经济高速发展，得益于曾经的巨大挫折。

1997年，从泰国开始进而席卷亚洲各国的经济风暴很快波及韩国，日本也受到这次经济危机的影响。这次经济风暴给韩国带来了致命伤害。如起亚汽车等很多大型企业陆续出现财政赤字甚至倒闭的情况。韩国经济受到重创，只靠本国力量无法重新调整回以前的状态，所以不得不选择依靠IMF（国际货币基金组织）的支援。

根据IMF的战略，韩国经济发展的目标被定位为"追赶日本"。众所周知，韩国的经济一度在亚洲各国中领先，因此，这种定位对于自尊心非常强的韩国来说，挫折感是相当严重的。IMF的经营战略，更确切地说叫作"经济占领"，它使韩国遭受了难堪的处境。在IMF管理的基础上，韩国经济到了非彻底改革不可的地步。

经济危机以前的韩国，经济发展的重点是以日本的经营模式为蓝本。即使是私人企业，也一样很重视员工的终身雇佣和家族主义，也就是在日本被称为松下幸之助式的经营管理模式。但是由于受经济危机的影响，韩国在IMF的管理下，更加热衷于淘汰那些没有竞争力的企业，同时引进了当时美国的经营管理模式。许多韩国的经济界人士深切地感受到了本国经济市场的狭小以及经济基础的薄弱，因此，韩国最终将目光转向更加宽广的世界经济市场。

当时美国企业的经营管理模式，允许存在两种不同的意见，它的主要特征是股东拥有绝对的权力。因此由股东选择的首席执行官具有很高的权限，所有的公司决策都以首席执行官为主导，进而形成了系统的组织结构和人事体系。韩国企业原本都是以董事长一人为首的经营模式，其实当时全亚洲大都是这种模式，因而难免会有更多的企业领导人出现任人唯亲的问题。韩国企业虽然和美国企业一样，采用以一人为首的经营方式，但引入了当时更加合理化的、以能力为基础的美国式的经营模式后，快速使韩国整体的经营环境得以优化。

在当时美国企业的经营模式中，多数的新商品开发等重要环节，都是由少数人快速做出决策，然后把已经决定的内容迅速传达给下属各部门执行。从某种意义上来说，因为前期工作没有和公司其他部门取得有效沟通，也许会导致内部发生一些纠纷，但这是一个快速而动态的企业行动的必要态度，先人一步往往就能决定胜负。这是一个承受风险而发展新生事物、快速占领市场最有效的方式。

例如，韩国三星非常强大的一个原因是有所谓的逆向思维。液晶、半导体、太阳能电池等产品，如果当市场有需求的时候才去投资建厂的话，就已经无法在那么多的公司中取得优势。因此，在市场还没有需求，或者在需求逐渐上升的过程中，高瞻远瞩地决定投资建厂，才能够在需求越来越高的时候，让自己的工厂能够全速地投入生产，进而创造巨大的经济效益。

当然，并不是所有的预判都会成功。日本的半导体工厂都要先确认市场需求量，以及客户群体等情况以后再考虑是否进行投资；当所有的设备完成调试后，市场需求正值顶峰；等真正地投入运营后，市场供应量已经接近饱和，需求量正逐渐下降，从而导致投资的失败。

经常有人会用日本的电机制造厂成本过高等原因，作为其市场竞争力不如韩国企业的一种解释，但根本的原因并非如此。日本的电机制造厂不能取胜，且在重要决策和未来发展方向上，大大落后于竞争对手，是因为持续使用已经落后于该事业领域的经营系统。

另外，在当时美国的经营模式中，上司对部下持有解雇权。在美国电影中经常能看到，还在上班的员工不明所以地突然被上司通知"你被解雇了"的场景。这在日本也许无法预想，在美国却很常见。当然，即使是在美国，想要开除董事或工会成员也并不是一件简单的事情，但管理职位不受限制。因此，管理人员的指挥命令系统和军队一样，就是绝对服从上司，上司的命令就得绝对执行。在这样的权力机制下，由于上层领导拥有强制执行权，所以首席执行官的权力是非常大的。而对于权力分散的日本企业来说，部长想免掉科长的职位都不是一件简单的事。从这一层面来说，韩国的顶级企业都在努力进行经营模式的改革。员工也努力提高自己的能力，如果是在对自身有利的前提下，就只身赴任，去很多发展中国家实现自我。年轻一代的学生们也是一样，为了得到世界通用的学历，增强自己的国际竞争力，努力进入世界的顶级大学。

当然，这样的风潮在提高集团的凝聚力上有不利的一面。但集团的竞争力，首先在于个人的能力，特别是领导层、管理层以及研究开发型人才的能力。在高精人才有效利用方面，这也正是日本与韩国在经济上拉开很大距离的根本原因。

亚洲货币危机对韩国人民来说是一件很受打击和伤害自

尊的事，但是从结果来讲，借此机会把逐渐落后的系统以"外力原因"的理由根除，创造了新的韩国型经营模式，这何尝不是韩国经济取得的重大胜利？以国家为名的大挫折，作为一个企业不得不接受它，对于每个人来说，也只能怪生在那个时代了。我们在职业生涯中会遇到一些大挫折，例如，工作的公司倒闭，找到工作后被取消资格，被骗进一家空壳公司，被同事排挤去负责完成不了的项目导致无法出人头地、无路可走等，这样的案例数不胜数。

　　遭遇这些，多数的情况都是由于自己左右不了的外部环境，也就是所谓的命运。因此，不如把所谓的命运当作眼前的挫折，重新刷新自己的人生，踏出新的一步。其实我们很擅长接受命运的改变，因为我们拥有着优秀的遗传基因，变幻自如，通融无阻。坚持对自己的认同，我们将无所畏惧。

　　遭受挫败，有时候也是我们的人生重新洗牌、从头再来的绝佳良机。

在糟糕环境里工作的意义

在公司重组或者企业创立的过程中，我们如果认真思考就会发现，在破产或创业失败的公司中，大多数领导都是大家口中的老好人。公司在面临经营改革的时候，就必须要舍弃某些东西。像韩国那样，因为加入了IMF被强制性改变模式的情况就应另当别论。

在普通公司的经营中，做出重大决策是掌权者最重要的职责。每当做出舍弃的决定时，一定会招致一部分人的怨恨。对于老好人一样的领导来说，他们并不具备为了公司的未来而被一部分人憎恶的决心，还会一直被公司内部的各方面情感所羁绊，错过了决断的最佳时机。其结果是直接导致公司陷入破产，破坏了更多人的人生。

大多数人都是好人，同时也是没有太高觉悟的人，很多人都只想做个安稳的上班族。因为他们在年轻的时候没有体验过挫折，所以也不知道职场的可怕和困难；只有经历了挫折才会有切身的体会。也许是因为得不到这种机会，或者说他们中的多数人都主动回避这样的机会，所以会一直自我感觉良好，认为得到了一个工薪阶层的人生就万事大吉。

这种类型的人即使不作为领导，也容易陷入人生危机。不仅是在面临某些困难的情况下没有用处，甚至只是在自己的立场和面子被破坏的情况下，都无法释怀。即使从平均值来看，他们还拥有超于常人的幸福和资金，但他们却始终觉得自己的人生无聊透顶。当然，他们本是超级厉害的，也正因为这样，这种对生活感到无聊的程度也是别人的双倍。在这样的时刻，准备迎接挑战的，是那些具有觉悟和推崇马基雅维利主义的人。

在改革时期，人们都会进行非常残酷的权力斗争。在新系统模式的基础上，一定会有很多元老受到很大冲击，虽然从整体来看，数量是很少的；但反过来说，正因为是少数，所以所有的痛楚都集中在他们身上。从公司全局的角度来看，只是个别的部门被取缔或者个别的生意链条被切断，但对于属于那个部门的职员和靠养老金生活的退休员工来说，却仿佛失去了全世界。这些人往往是一直在公司中占据最多资源的人，他们掌握公司的权力，在公司内外也有着强大的群众基础，正因为如此，他们反抗的力量也会很强。

大体上，最后发生叛乱的，都曾在获胜一方的组织中出现。在明治维新中，士族阶级战争中萨摩藩和佐贺藩的士人等成为叛乱的中心。在戊辰战争中输了的幕臣和会津藩的士人，总的来说还是安分守己的。越是胜利者，越是对无法分享胜利果实而感到愤慨。因此，即使是不想参加或挑起激烈的权力争斗，也一定会在某个时段亲自参与。

所谓的权力争斗，也算是战争的一种。想要在这个战争中取胜，就必须具有能够对抗权力的现实主义精神，时而安慰对手，时而压制对手，这就是马基雅维利主义所推崇的手段和方式。归根结底，只要战争能够取得最后的胜利，人们就不会在意在这个过程中以什么形式让敌人屈服。成王败寇，这是亘古不变的道理，只有最后的胜利者才有说话的权利。但对于那些有着正直的品格，想要通过正确的方式达到自己目的的人来说，通过不正当的手段来取得最后的胜利，是一件非常难以接受的事。在这时，支撑这些人走到最后的信念，是马基雅维利主义，但是马基雅维利主义并不是与生俱来的，光靠作为胜利者的体验是无法理解透彻的。没打过败仗、没体验过少数派的屈辱、没在失败的团体里体验过互相推卸责任的错综复杂的关系，是肯定无法拥有这种精神的。所以，挫折能给人带来强大的力量。

马基雅维利主义起源于文艺复兴时期。当时马基雅维利在军事实力弱小的佛罗伦萨任职外交官，长期被当时强大的罗马人以及米兰人、威尼斯人在外交以及军事方面欺压排挤。在屈辱和苦闷中，他创建了自己独特的政治哲学。这也说明，马基雅维利是一个受过挫折并在挫折中学习的人。

另外，在改革的时候，无论怎样按照你的想法或计划如期进行，并且对大部分人都有很大利益，也一定会招致小部分人的怨恨。与改革有关的人，尤其是领导，都要有承担这种被怨恨的准备。就像当时明治政府改革中心的大久保利通被渐生不满的旧士族阶级暗杀一样，推行改革的领导必须时刻做好与同事之间突然"刀枪相向"的准备。

作为一个充满激情、一心为公司奉献的领导者，能否做到像大久保利通先生那样，为了组织需要做出大义灭亲的事？如果对方不是自己人就很容易下手，但要让自己的朋友做出巨大牺牲，人总会犹豫不决。既会让自己多年经营的形象毁于一旦，也必须舍弃得来不易的友情，放下和那个人有关的一切，也会让现在的自己否定了曾经的自己——这种觉悟，我们到底有没有？

在这种情况下，唯一可以减少牺牲者的方法是要在很早的阶段进行改革。在公司和组织走向衰亡前，一定会有很多迹象，这个时候衡量整体，对那些必须要做出牺牲的人们，尽量给予更多的退休金和养老金或者容许他们改变的时间。但是，公司越是没有走到必须改革的时候，这些会因为改革而受到利益损失的人们越是会强烈抵抗，他们会觉得还没到必须要有这么大牺牲的阶段，还可以用现存的模式继续生存下去。所以，无论时机迟缓与否，要实现真正的改革，至少在那一瞬间会受到很多人的抵抗与冲击，被怨恨是不可避免的。

无论你是怨恨别人的人还是作为领导成为被怨恨的一方，最好在年轻的时候就能够有机会体验这种挫折和人与人之间残酷的争斗，这样就会知道人生无常，就会知道人就是"活着就赚到了"的生物，就会知道在这个世界上，各种各样的人和事还有很多。

正因为认识到这些，才能够在遇见任何事情的时候，使自己和家人的人生都不会因为这些事而受到伤害。所以，年轻时，置身于那些规模小、满是内讧和争权夺势的企业中，或者在这种氛围下工作，大可以认为是非常幸运的。在不好的组织、不好的上司和部下中工作一定会非常辛苦，但是在这种情况下，即使工作成绩不怎么样，也不要自卑自责。从某种意义上讲，应该把这当作一种非常难得的工作氛围，或登上人生巅峰必经的山路，或观察人性的最佳学习机会。

越是能够在弱小、混乱的组织中成长的人，越是能够成为在权力混乱下生存的"马基雅维利"，越能拥有保护自己与家人的实力。

放下自命不凡的虚荣心

　　挫折，打破了一直以来不可一世的"精英意识"。这一点非常重要，它将直接让每个人在之后的人生变得格外自由并且丰富多彩。一些学生时代开始就一路畅通无阻的人，他们自身并不容易意识到自己不可一世的态度。即使他本人想抱着谦虚的态度，但还是容易被别人误解为瞧不起人，这一切都基于对学历和公司的社会评价体系。

　　"精英意识"在平时只会无意中引起一些小小的敌意，但是在公司改革的时候，敌意一定会变得更为强烈。无论用什么样的语言，如何对别人低头，都可能被别人，特别是在公司一线努力工作的员工们认为是逢场作戏。这些拼命生活的一线员工直觉很敏锐，也很不容易改变。因此，提倡改变组织，很难得到一线员工，也是最重要的合作者的支持。

在高贵家庭中出生的政治家、高学历的官僚和一流企业的工薪阶层，或者是有MBA（工商管理硕士）头衔的大顾问和投资基金的工作人员很容易陷入困境。他们可以不假思索地、大胆地说出表里不一的话，也许会有人把这些归结于情商高，但这种无意识但表里不一的言行实际上是非常危险的。而且他们只要存在这种"精英意识"，就不会让自己在现场露出任何丑态，他们总能装出一副受了很大委屈的样子，并且绝不可能自己去主导某一项纷争。即使他们感到了改革的必要性，也不会选择自己去浴血奋战，这只会让公司逐渐濒临无法拯救的局面，因为并没有在公司最需要改革的时候改革，这至少让一个公司提前十年被逼到了毁灭的境地。

"精英意识"越强，越是没有犯错意识，总是把错误的原因归结于社会背景，只要出现错误，他们总会为自己找出千万种理由开脱，同时将这些错误强加到和自己意见不合的一线员工身上。这样的想法，无论如何都会影响到周围，以致等没有挫折经验的精英们回过神儿来的时候，公司已经陷入了四面楚歌的境地。

我自己因为经历了很多决定性的挫折，所以不再抱有曾经的不可一世的态度，去美国留学以及之后的各种决定都能够体现。在波士顿咨询公司仅仅工作一年就辞职，跳槽到了新创立的公司CDI。创业初期，虽然很辛苦，但新鲜事物带来的乐趣和自己的冲劲都越来越强。在我已经习惯了工作的几年后，公司内制定了留学制度，我利用这个制度去了斯坦福大学的商务学校留学。当时我30岁，CDI也走上正轨，正值发展的高峰，我才有了留学的想法。去斯坦福大学商务学校留学的动机，与其说是想学习经营学，不如说是想了解战略型咨询的起源。

实际上，我在与MBA的学者们讨论时发现，没有什么事情是实现不了的。即使如此，因为自己没有系统地学习过，有可能在付诸行动时出现很多瑕疵，我生怕哪里有漏洞，每时每刻都存在着不安。就好像用西方医学医治患者，却不了解西方医学体系一样。为了消除这种违和感，我才决定去美国的商务学校学习，另外也可以顺便练习一下自己的商务英语。

在留学的时候，我学到了很多有趣的知识，当然也有无聊的，例如竞争战略、营销论、组织论等等。说实话，这些几乎都没有用处，对我来说是非常无聊的内容，但金融学和经济学是非常好的学问，很有意思。这两个学科都是可以获得诺贝尔奖的领域，因此做学问的水平也一定很高，我认为这都是具有很高知识水平的人们经过苦心研究之后，才形成的系统的知识体系。

从留学开始到第一次期中考试，我始终无法想清楚自己的定位，只能拼命地学习。这时候因为大部分的科目在我的努力下都是好成绩，我了解了这个学科的整体水平，开始渐渐不怎么努力学习，而是更加热衷于参加课外活动，比如成为自制会委员的选举候选人。英语水平有了明显的提高，学习以外也见识到了很多，这是两年的留学生活给我带来的有很大帮助的事。

到那时为止，我已经度过了初入职场手忙脚乱的菜鸟期，脱离了传统的精英路线，开始在新的精英人生中加速。结束了两年的留学生活之后回国的我，发现本该效益很好的CDI陷入了严重的经营危机，这让我感到很震惊。当时，经济危机来临，工作机会急剧减少，公司也很快就会出现亏损，如果继续做下去，资金周转也会变得愈加困难。这就必须要想办法使公司渡过难关，那时候大家就一起拼命考虑让公司生存的方法。

当时面临很多的选择，我自己认为最容易赚钱的就是去大阪创立新的移动电话公司。决定以后，我把妻子和孩子都留在了东京，和几名下属一起赶赴大阪。创立公司听起来好像很厉害，但如果换一个角度来看，其实是败逃东京。工作内容相当繁杂，而且十分辛苦，公司内部也施行了减薪政策，与同年代的从商务学校回来的波士顿咨询公司和麦肯锡的朋友们相比，工资已经低到不能再低了。在陌生的地方、陌生的人际关系中，我们感受到了前所未有的艰辛，而且CDI自身必须执行裁员策略。曾经与同伴们一起创业的那种激情，那种热血沸腾的记忆还历历在目，但正是由于挫折，甚至说挫折感已经达到了"百分之二百"，我们才既要好好地处理本职工作，也必须进行痛苦的裁员。刚刚取得MBA学位回国的我，面对的就是这种残酷现状。

其实我并不是很了解公司一线的事，心中多少有些不安。即使别人认为我也许很懂得咨询类的专业知识，但我因为并不知道公司一线所面临的困难，也不能进行强有力的反驳。实际上并没有人当着我的面说过这种话，但我的内心总是忐忑，也可以说是自卑。这种不安随之转变成了现实，在大阪的公司里，我经常受到批评，例如，常常听到"你不知道公司一线的情况"或者"对不了解一线的人说什么都没用"这样的话。

被别人指责不知道一线情况的时候，我并没有进行任何反驳，只是感到不甘心。咨询类书籍或者在学校的学习始终都是纸上谈兵而已，即使是完全正确的，也无法说服在一线工作的员工，不能激发他们的战斗意志。于是我觉得当务之急是卸掉内心的铠甲，兼任营业部一名普通的营业员，和他们一起战斗，融入那个环境。在现场历练、被现实蹂躏，让我知道了公司的一线工作到底是什么样的情况，在用人的方面最需要的是什么。在这一阶段所经历和积累的各种错误经验逐渐成为我的"食粮"。当被一些员工指责不了解情况的时候，我也能挺起胸膛去反驳对方的言论，并通过自己在一线工作的经历使对方与我产生共鸣。

当时在大阪两年半，在广岛一年半，还去了仙台、札幌，最后回到东京，终于结束了长达六年的在东京之外工作的辛苦生活。在此期间，通过我们的努力，CDI摆脱了惨淡的经营状况，开启重新发展模式。不管这个时间是长还是短，确实是我职业生涯中最重要的一段时间，这段时间我学到了很多作为领导应该具备的重要理念和企业经营所需的宝贵品质。并且根据这次的经验，我心中那种不可一世的"精英意识"也彻底消失了。刚从美国商务学校回国的我，有着莫名的强大自信和安稳感，如果一直那样下去，我可能会变成一个不了解一线情况却有着盲目自信的领导者。

关于人与组织（团队），也许我们在课堂上、书本中学习到的知识会让我们错误地认为自己已经无比透彻地理解了它们之间的关系，但不亲历他人的唾弃、冷眼，甚至不经历几次被裁员，怎么能看清人的本性？怎么能明白自己在某些事面前是真的心有余而力不足呢？我曾经在司法考试时经历的挫折，与如今进入社会后经历的挫折相比，可以说是小巫见大巫。这期间我遇见了一件又一件的麻烦事，也遇见了形形色色的人，但我也由此知道了，公司的发展离不开各行各业朋友的支持。回想起来，当初和同事们一起奋战在公司一线，同甘苦、共进退、一起流血流汗的日子，对我来说真的非常充实。

在大阪和广岛的日子，对于我来说，让我除掉了心中的"邪恶"，不断地让我成为一个更自由的人。

挫折，不断赋予我们生存的智慧、真正的伙伴以及自由的人生。

害怕失败而不敢付诸行动的人

如今日本的社会正值多事之秋，很多人都知道变革的必要性。尽管如此，日本还是无法改变，最重要的原因是掌权者多是在顺境中成长起来的人，这可以理解成这些人不知道挫折为何物。从小学起就是好孩子的人，一路顺利地进入名牌大学，再顺其自然地进入一流企业，他们一步一步走上来，就好比是一直走在铺好的红地毯上一样，没有经历过大风大浪。我也是这样类型的人，所以才会对他们如此了解。这样的人会有两个最大的弱点，害怕错误和不想被讨厌，并且这种心理会随着年龄的增长而越来越强烈。

在顺境中成长起来的人，都擅长去读取比自己强大之人的内心。因为学生时代所要求的学习，多是问题已经有"正确答案"，就像是考试，如何找到符合出题者想法的答案才是关键。需要推荐入学考试的人很多，想让导师把申请书内容写得漂亮一点，如何讨老师喜欢才是决定胜负的关键。通过理解提供申请书一方所期待的"正确答案"，然后倾力与之配合的这种行为，已经受到了大众舆论的广泛质疑。反过来说，答案如果不按照出题者的意图来写，就会被认为是"错误答案"。也就是说，如果不扼杀掉自己的想法与创意，就无法写出"正确答案"。

就拿语文考试来说，通常在文章的一部分画一条线，然后问"这句话作者想表达些什么"等等。正常回答的话，一千人就有一千种答案，人各有异，这一点也不奇怪，包括出题者的想法和作者想表达的想法不一样也是完全可以理解的。即便如此，只有能够理解出题者想法的那个人，才能够写出"正确答案"。

头脑灵活，再加上擅长迎合出题者想法，这才是最重要的。日本的大学入学考试，经常会有诸如"请写出作者的想法"这样的题目。这样的题，并不是让考生去表达文章的中心思想，而是让考生通过这篇文章来揣测作者的内心想法。不得不承认的是，很多想象力和创造力差的学生更容易在这样的题上答出高分，越是写出比出题人还要深奥的答案，或者越是有独创性的人，分数反而越低。那么像这样只想着看穿对方想法的人们，当他们成为领导，站在领导的位置上时会怎么样呢？因为自己已经没有老师和上司的庇佑，所以就拼命地去猜测全体员工的想法，好争取给所有人一个"正确答案"，仅仅是这样，就已经筋疲力尽了。

日本公司的企业文化，几乎全部是在尽量避免冲突和纷争，即使内部有两股势力要开展对决，但为了不扰乱公司的内部秩序，双方只能一边努力去申诉自己一方的想法，一边尽量不去直接反对对方。管理层最后又要照顾到全公司的意见，只能提出两边都不得罪，又不会很有效的改革方案。为什么有些优等生在公司改革和重组的时候不容易起到有效的作用，相信通过以上几点您应该有所了解。

如果你是在顺境中一路走来的话，我想请你回头看看，是不是自己会不知不觉看其他人的脸色行事。当然并没有让你去刻意反对别人，但如果真的有一瞬间，你认为自己内心是想说反对的话，请大胆地提出来，并把自己的原则坚持到底。虽然有可能会引起员工之间的纷争或者由于自己准备不充分而被对方的言论所打败，但这样的经历才是最重要的。它会让我们懂得在什么样的场合应该做什么样的准备，在与对方陷入僵持状态的时候怎样做才能对自己更加有利。尤其当对手是比自己强大的人或团体时，在这样一次次的摩擦和冲突中才能够发掘出自己的胜负直觉，了解自己的长处和不足，也可以认识到自己的人生和人际关系并不会因为这些小摩擦而朝不好的方向发展。试着习惯这些生意场的胜负才能让自己的人生走向最正确的道路。

从小生活在思想牢笼中的人是不会培养出变革所需要的觉悟、想象力和创造力的，这种人只知道一味地发牢骚，会逐渐丧气、失意，就这样度过漫长且无聊的人生。这种人即使任职于大型企业或政府机关，心理也不会有任何变化。相对而言，与之相反的人，很容易感受到幸福。当然，迄今为止一直过着优等生的生活，也并不是一件坏事，只是在年轻时多一些社会历练比较好。

人是可以从失败中收获教训的。如果人生与思想永远被束缚在牢笼中，就不能给他人或企业提供任何帮助。

高学历政治家优柔寡断的理由

关于优等生的话题，我想再继续阐述一些观点。日本的优等生最具有特色的是，在考试中普遍都能考取各科高分，满分100分的话，所有科目都能达到80分。只有一个科目取得100分，其他的科目都控制在平均水平上的话，是不能称之为优等生的。所有科目都能考取高分虽然说是一件很酷的事，但这何尝不是一种性格上的自我抑制。现实生活中，几乎不会有任何一个学生会发自内心地喜欢所有科目。但优等生会压抑自己的性格去学习不喜欢的科目，从而达到让平均分数和平均排名提高的目的。简而言之，抑制自己对事物好恶的能力，是一个优等生的必备条件。

　　在我就读过的东京大学也是一样，有许多学生能够在大多数的科目中都取得"优"的成绩，这真的很不可思议。毕业前应该学习的科目有二十个，但对我来说，有兴趣的科目只占三分之一左右，剩下的约三分之二的科目，即使进入社会也大多没有实际用处，并且其中有些科目会让我无法理解：为什么东京大学的教授要把这些东西教给学生？不光是我，很多学生也抱有同样的想法。即使是完全没有兴趣的科目，也能努力地学习并获得"优"，很多人都是在听"无聊"的老师讲着"无聊"的课，最后写出"无聊"的答案。

　　这样一想，也就知道，即使所有科目成绩都是"优"，也不能证明这个人就是一个优秀的人，只是说他对于所有的事情都在按部就班，像机器一样地去完成而已。并且与对老师说"这个学科实在是太无聊了"相比，学生们更加重视用虚情假意的崇拜之姿去奉承自己的指导教授，以求教授能够给自己一个好成绩。从某种意义上讲，以一种非常谦虚的心态去请教，这在日本人看来是很有美感的。但是换一种方式来讲，单纯地迎合对方，压制着自己的某些想法，如果让人在这样的模式下去解答一个没有答案的问题，或者去搞定问题的设定，就只能够做无用功，无法创造出有新意的问题与答案。

在人生和企业的经营中，真正重要而困难的问题是没有正确答案的，所以，最后只能用自己的价值观，或者用更容易理解的话来说，只能用自己的好恶来判断。在自己的头脑中思考，用自己的心来感受，也就是真正意义上的独立思考能力。在日本的教育系统中，这种思考能力是无法培养的。

有一个例子可以很好地体现这个观点。曾顺利考取东京大学的医师和田秀树先生说过的"数学就是背诵"这一考试必胜法，对于日本最难的东京大学医学部的入学考试也能做到完美应对。本来在数学方面，一个问题就可以有许多种解答方式，不是套用就可以，但是和田先生的这种做法确实能让学生们取得高分。即使东京大学不认同这种学习方式，但只要学生们解答了数学题并取得高分，也不得不录取。

在现在的日本教育系统中，即使抑制了一个人的好恶能力，也要让所有科目都接近标准答案，并以获得高分的优等生数量为荣。这种情况在曾经稳定的时代可能是很好的，但如今时代不同了，人的一生当中更加需要的是在考试中接触不到的东西、在考试中学习不到的能力和在考试中想不到的创新提案。

在民主党政权中有很多高学历的政治家，但在与现实问题对峙时，他们大多数都表现得惊慌失措，例如普天间驻军、消费税等事件的发生。他们每个人的想法都不同，为了迎合大家，争取在所有人面前得到高评价，结果适得其反，优柔寡断的办事风格导致他们最后被所有人反对，落得了一个与最初设想截然相反的下场。

所以，你可以很直白地说出你的好恶，这样的人才是最自然、最纯粹的。如果真的要做出重要的决断，即使结果是失败也不后悔的选择方式就是选择自己喜欢的那一面。如果需要舍弃就一定要干脆利落，尽量给予别人更多的时间。因为优柔寡断很可能会导致他们以后的人生受到更大的伤害。当断不断，反受其乱。

只要对方是一路顺风顺水的优等生，那么在他没有经历过挫折之前，就不会知道自己真正喜欢的是什么，真正想要的是什么，同时也不会知道别人想要的是什么。所以，不能轻易让这样的一个人作为国家或企业的掌权者。

关于自己的爱好，多做一些尝试，通过接触更多的事物去发现哪些事情是我们自身更适合、更喜欢的，哪些事情是即使失败了也想继续挑战的，从而找到自己喜欢的生活方式，最终把自己从迷惘和后悔中解放出来。

日式教育所孕育出的"毒害论"

在学校的考试中，标准答案基本只有一个，其他的回答都是错的，学生们会认为无论什么事情，正确答案或正确的解决方式只有一个，除此之外都是错误的。可怕的是，越是优秀的知识分子，存在这样想法的概率越高，并且他们不会发现这种想法的错误之处。因此，这种思想在评论界、教育行业，甚至在政策立案中都会存在，进而从各个方面影响了年轻人的思想，这种倾向在经济学、法学等人文科学系，特别是社会科学领域中尤为显著。由于经济学和法学都是较接近现实的学问，因此会很明显地通过各个方面表现出其影响力，对社会的"毒害"也非常严重。

这种想法所带来的后果，我在之前出版的一本书《公司维新：变革期的资本主义教科书》中也写过，日本的知识分子中有很多"井底之蛙"，在新问题出现而现有的解决方法做不通的情况下，这些人一定会说类似"你看看哪个国家的谁谁谁"这样的话，他们是一味向海外寻求"正确答案"的人。这种官僚、政治家，或者是经济学人士和学者，整天嘴里说的都是"在美国怎样"，或是"在欧洲怎样"这种话。对于他们来说，这些国家就是唯一的"正确答案"。在雷曼兄弟公司受次贷危机影响的时候，经常把"在美国……"挂在嘴边的人的确减少了许多，但又转而开始说"在北欧……"，他们不知不觉中又找到了新的依靠。

其实从很久以前开始，这就已经成为日本人的特征了。最原始的日本，是从中国引进学问思考体系，进而发展为一个成熟的国家。中世纪以后，又在这种思想体系上加入了西班牙、葡萄牙、荷兰先进的思想文化。在明治时期，还专门以欧美发达国家为目标发展本国经济。

并不是说学以致用不好，但是"和那个国家一样做就好了"这样的短浅目光，才是问题的根本所在。因为这世界上并不存在与日本的人口、经济规模、文学背景、地理条件完全相同的国家，所以不可能把其他国家的所有政策等原封不动地复制到日本。像瑞典的市场竞争政策，与美国相比更加崇尚自由主义，但瑞典中小企业、大企业都是很容易就落得倒闭的下场，完完全全就是一个弱肉强食的战场。低收入层的纳税制度比日本的更严格，那些"井底之蛙"的老师们为什么不传达这些不利的事实呢？

参考各个国家的信息，最终经过深思熟虑，找到最适合日本的方案，才是保证日本发展的最佳路径，当然，方案并不是只有一种。除此之外，乍一看还落后于日本的东南亚国家和印度，也有很多值得日本借鉴和学习的地方。

事实上，美国的经济学家詹姆斯·阿贝格伦对当时还在发展阶段的日本就导入了"公司"的模板。然而因泡沫经济而崩溃后的日本的民众认为经济学家詹姆斯·阿贝格伦提出的理论并不符合日本当时的国情，因而一口气否定了所有的经营论和治理论，这也是"正确答案只有一个，其他都是错误的"

这种教育模式下培育出来的管理者的想法。无论"公司"有多落后衰败，当时的这种形式支撑着第二次世界大战后的日本经济是事实。虽说落后于时代，跟不上时代的部分变得多了，但是今后也应该有持续改进的必要。其他的暂不考虑，只希望能够否定"只要错一项，其他也都是错误的"这种想法。

现在日本的很多知识分子都相信在某个地方有"标准答案"，并且乐此不疲地去寻找。与之相对应的，"别人家的孩子"——其他的知识分子家庭，觉得应该具有独创性、自由开发的改革形式，但是在追求最终结果时，还是没有偏离"正确答案只有一个"这种日本式教育的框架。对于这种模式下的知识分子来说，即使自己的某一个项目出现很多瑕疵与阻碍，但终会把自己的错误归结于其他守旧势力等原因，并不认为自己受到了挫折。因此，他们无法了解自己的人生和幸福的真谛，以及自己所遭受的失败和挫折，就这样愚昧地变老了；或者说，他们在精神上本身就是不懂得创新的人了。

不管怎么说，某些观点即使现在被认为正确，也一定有哪些地方不是完全正确的。如果有绝对标准答案的话，大家可能都会做同样的事情，都会碰到一样的问题，那么所有的问题都会解决。但是现实中一定不会有这样的事情发生。"标准答案"会渐渐消失，这将是现代社会最显著的特征。

这个世界原本就没有什么东西是通用的。把分店开遍全世界的麦当劳，在有许多禁忌的国家，用牛肉代替鸡肉，根据不同国家、不同的饮食文化有些许的变化。所谓的地球村和全球化，绝对不意味着所有东西都通用。事实上，正因为麦当劳根据各地的风俗习惯等有着细小变化，所以才会被全世界广泛接受。

本来日本人很擅长这样的改进。在古代，由中国的汉字一点点开发出来表示日语的平假名与片假名①，或者把佛教用自己的方式升华改进。现在被化学工学者石川馨以及丰田汽车的大野耐一等人所熟知的TQC（全面品质管理）其实来自美国开发的SQC（统计质量管理）。由于SQC在日本实施得不太顺利，因此在它的基础上，根据日本的经济规模开发出

① 日语中的平假名一般用于书写，而片假名则多用于表示外来语和特殊词汇等。

来现场主导型的方法论，即TQC；不久，这个方法论被世界其他国家所推崇，实现了经济论的对外输出。

像这样即使在某个地点、某个时代是正确的，但换了一下时代与背景就变成错误的例子数不胜数。请不要去在意世界上的权威人物、某个行业的领军者会怎么样看这件事。比较极端地说，你怀着"必死之心"拼命想、自己创造很多假如，拼命地研究，反复受到挫折后，得到的那个才是"正确"的。而且在这个过程中会感受到知识量不够，才能摆正自己的学习姿态，吸收真正有益的知识，并创造输出真正有益他人的方案。

首先，要一直想着标准答案不止一个或者谁也没有标准答案，由这件事可以自由地创造新想法，尝试新的挑战。当然，尝试新的挑战也有可能导致失败，还会招致一些只注重脸面的优等生评论家的批判，但失败乃成功之母，只有失败，才是通往世界最高端的捷径。

人生只有一次机会，后知后觉的人，离幸福总会更远些。被教科书的标准答案或被所谓的权威束缚，只会逐渐远离真正的答案，自己的人生也是一样。

逆变力造就成功的领导者

当我们去观察很多特别优秀的领导，会发现比起走过许多捷径的优等生，更多的人都是从最底层一步一步上来的，佳能的御手洗富士夫董事长就是其中之一。他们中的很多人都曾经尝到过被降职或者在权力斗争中失败的滋味。但正因为这样，才能亲身体验权力的可怕，这也正是挫折所引起的效能，让他们一直在围绕着这个挫折，考虑着怎么去战胜它、克服它，也才能保证他们在最后站到最高点。

了解挫折即了解失败者。他们在遇到挫折之前，都曾在公司内部任职中层管理人员，抑或某个重要部门的领导，拥有一定的权力，但当他们被贬职的时候，被权力所折磨，或是内心不甘以及产生怨念，刚好可以作为自我反省的一种方式。这样可以了解到行使权力的立场和被权力驱使的立场，能够很好地了解权力的双面性，也因此才能更加熟练地运用手中的权力，成为善用人才的领导。但是所谓的主流人士却无法知道这一点，因为他们一直是行使权力的一方，没有被权力支配过，没有被权力折磨和压榨的经验，也根本不知道权力的本质为何物。这样的人在应对公司紧急突发事件时会非常脆弱，不能有效行使自己手中的权力。人的想象力和思考力只能通过自身的体验才能转化为真正的领悟。因此，宗教学家通过修行来模拟人类的苦恼，然后顿悟了，最后才有机会成为开导人的"师父"。

在这个世界上，太多的事情无法只靠一个人的力量完成，必须要借助外力，在别人的帮助配合下才能完成，特别是领导的工作。实际上，几乎所有的事情都是依靠组织来实现的，越是领导，越是要依靠别人。

公司每天出现各种各样的突发事件，领导自己不可能做到事无巨细，因此，怎样去支配组织成员就显得十分重要。

特别是消极情绪影响到全公司的情况下，如果无法理解员工的想法就无法提升组织成员的积极性。如果只是站在领导的立场使用手中的命令权，不考虑任何后果地指挥员工，那就不需要中层管理者和部门经理这样的职位了。相反，如果一直都被权力蛊惑和支配，这种状态也存在很大问题。一直被权力所支配，很容易产生"抗体"，会倾向于无论什么决策，只要反对就好了。为了反对而反对，而不去深究决策的合理性，不知不觉就变成"在野党"，缺少自己主动、建设性思考的能力以及现实中能够实行提案的能力。因为决策是别人提出来的，反对并不需要负责任，在本质上既轻松又能刷存在感。

什么都反对的人不知道掌权者的无限可能以及其真正的可怕之处，只是擅长对权力进行反抗，一旦成为掌权者，不会很好地掌握和行使权力。如果以某种方式成为领导，就只会运用权力表面的威慑力、命令权和严厉的惩罚制度，一定会招致人心的叛离。或是大刀阔斧地削减预算、胡乱行使权力，这样也会适得其反，搬起石头砸了自己的脚。当这样的人成为领导，不会有任何业绩不说，还会让自己的意志更加消沉，公司的利益遭受损害。就像在野党，在没有当权的时代很有气势，但一旦成为总理大臣，就会尝到所谓掌权者的无限孤独与失落的滋味。

这样考虑的话，在年轻的时候，不管规模多小的公司或是人数多少的组织团体，都尽量努力去体验一下掌权者的工作比较好。不必是怎样的呼风唤雨，总之要能够去指挥人，能够让你去发挥自己的能力，行使领导的职责就可以。这样的话，就可以深刻地体验到掌权者在行使权力时候的困难。

能够让年轻的你晋升到管理职位的，大部分都是中小企业，并且通常都只是中层管理人员，你还是会受制于公司的高层人员或股东，你会感受到挫折，也才会了解到权力的可怕之处。被上司和部下、股东和顾客夹在中间，会产生各种各样的烦恼，即使自己有很好的提案，也会被上面的人打压，被同事们排挤，这时才能体会到那种无力感。然而，在这个过程中，你也能感受到掌权者背后更重要的责任感。也许自己某一个小小的决定，就会影响到别人的人生。

如果能正确地运用权力，一定会给他人的人生带来非常积极的影响。每个人都不是一个个体，都是你中有我，我中有你的，因此可以让员工更多地参与公司的决策，互相站在对方的视角来考虑公司的每一个决策。当员工把每一个决策都当成他们自身的决定来对待，他们才能拿出百分之二百的热情去完成它。这才是一个合格的掌权者所应该掌握的管理模式。

作为中小企业的管理人员和中层领导，更容易品尝到世态炎凉，也更容易看到权力、责任以及人类社会的本质。

年轻人就要气盛

无论世界的哪个角落都会有桀骜不驯的人。即使他是一个刚刚步入社会的菜鸟，却敢对很多前辈主张"我认为这个工作程序还有待考察"，当与领导的意见不合时也会去考虑继续按照自己的想法做。无论在什么样的企业或学校，都会有一个令上司和老师烦恼的人。但我却想对那样的人说："按照你自己的想法，放手去做吧！"

并不是说，这样一直主张自己的想法可以让学校或者公司变得越来越好，而是在社会或学校中，傲慢的人会被周围的人视为眼中钉，一定会被群起而攻之，而被攻击的经验是非常重要的。老实说，我自己也曾是大家眼中那种桀骜不驯的人，所以很能体会那种被孤立的感觉。但不管在校期间怎么优秀，获得过多少奖项，刚刚进入社会的学生或者刚进入公司的年轻人，他们的想法与意见一般都是很肤浅的。如果上司和前辈想认真地进行反驳，不管怎样都能找到他们的论据漏洞，指出有哪里不合理，而他们越是想解释，漏洞就会越多。

在进入波士顿咨询公司之后的我就是这样，由于农场顾问这一方面聚集了很多的专业人士，因此对于前辈顾问来说，推翻我这样一个新人所说的建议是再简单不过的了。另外，客户会将更多的关注点放在现实的收益上面，因此，我也多次尝到了所谓的理想主义给现实带来的痛苦滋味。

如果自己的意见被推翻，我们也会考虑怎样去反驳，还需要些什么才能让自己的论据更有说服力，自己的大脑自然而然地就会高速运转，从而让自己一直处在一种思考的进步之中。对于一个新人来说，工作中不管出什么样的错，对于整个工作项目都不会有特别大的影响，也不会给别人添太多的麻烦。作为一个成年人，应该具备那种越挫越勇的精神。

当然，如果与同事之间的人际关系很紧张的话，在平时的工作中还是会感到比较棘手，也许会被认为是"KY"（不识趣的家伙），继而很难在公司继续下去，这就需要能够看懂时机，然后继续挑战。当你认为某些事情不合常理时，需要尽量控制住自己的想法，三次里面两次选择沉默，剩下的一次选择指出对方的不合理之处，就应该是比较合适的。

最近，周围的"好孩子"非常多，对上司唯唯诺诺，即使觉得某件事很奇怪，也不会去反驳。这样的人在害怕被上司训斥的同时，更多的是想"轻松"一些吧。指出对方说的不对，不仅麻烦，又需要时间解释，也许还会得罪同事。如果面对的是自己的顶头上司，不但有可能会得罪对方，还可能会被贴上"KY"的标签。

这类人不一定对领导的指示完全认同，但只会在心里面觉得这个领导很没水准，或者去和同事、朋友抱怨吐槽。这样的做法只是在满足自己情绪的宣泄，你并没有因为这个事情更多地考虑应该怎么做，也并没有和领导谈论这件事情的合理性。用更加长远的目光来看，这只是你不满现状，像怨妇一样地发牢骚而已。

　　其实你仔细想一想，经常让你的领导去应付你的那么多挑战是很爽的。因为对方是你的上司，工作能力、人际关系、客户资源都在你之上，所以你输了是理所当然的。万一你赢了对方，也希望你把这件事情理解为是上司工作的一部分，所以请不要为良心的谴责而苦恼。换句话说，当你提出任何质疑的时候，你的上司会比你更加头痛，既不能输给你，又要注意对下属的言谈举止。不经意的一句话，可能会打击了部下的积极性，甚至会招来怨恨，并且同一团队的其他成员也会很在意对这种事情的处理方法。这样想的话，你就知道在这种事情上，作为新人下属其实也是很幸福的。有什么想法尽管说出来，这会给你带来更多的学习机会。

　　当你和上司有过几次冲突或意见不合的经验以后，在自己将来成为管理者的时候就会非常受用，你能很好地接受下属的挑战，然后用你的能力和威望让你的团队更加和谐。所以，无论在工作中遇到什么样的上司，这些经历都会成为你难得的"教材"。

　　当你跟上司理论，即使会被上司嫌弃，你也不会失去性命，充其量就是被降职。即使是被降职，也不会给你的人生带来很大影响，何况你还年轻。因为这件事情而受到的挫折体验反而会让你充满力量，正如刚才所说，真正优秀的企业经营者，很多人都会在某个时期有过被降职到子公司的经验。

　　如果一点挑战心都没有，是肯定不会有任何进步的。因此，不要害怕上司，也不用怕氛围搞不好，尽管让领导接招儿，别怕成为别人眼中那个桀骜不驯的人。

　　对于公司的管理者，如果遇到桀骜不驯的人，希望你不要觉得很麻烦，尽力击败他、锤炼他。就像刚才所说的那样，上司赢部下很费脑筋，也有一定的风险，但是如果放任不管的话，对于那个员工，甚至对于全体工作人员都是不利的。作为领导者，我也会积极去面对，用专业知识去管理这些桀骜不驯、自大狂妄的家伙。如果对方的招数越来越厉害，我当然更会认真对待，因为这本身就是一个上司的职责所在。

　　桀骜不驯是年轻人的特权。

讲述逆变内容的简历是未来的趋势

　　在本节，我要向大家介绍挫折带来的一件令人意外的事情，那就是当你写简历的时候，受挫经历，可以给你加分。挫折在日本，只是一味地被认为是难堪的，不想被人们知道的一种体验。在写简历的时候，大多数人会选择尽量避开有过什么样的挫折。如果是一个普通学生大学入学考试的简历，自然很容易；但是如果有留级经验，就会很难下笔。在那之后，若是有过破产或是被裁员经历的人，写简历就更难了。但经历过的挫折，其实不一定要抹掉，即使在日本，受挫经验有一天可能会成为履历书的核心。至少在美国的硅谷，由于没有预估好风险导致自己破产这样的经历，都会成为非常重要的工作经历。在年轻时所受的挫折都是人生必须经历的。

在美国的商务学校，日本学生现在的存在感已经非常薄弱，希望进入美国商务学校的日本考生数量并没有减少，但能够合格的学生数量却在减少，随之而来的就是留学生数量整体减少。取而代之的是中国学生和韩国学生的崛起，比如说，日本考生以前和现在都是100人，中国和韩国在过去考生只有50人左右，但现在却已经有500人了，日本考生在与中国和韩国考生的竞争中败下阵来，全都名落孙山。除了考生数量的问题之外，日本考生的履历也是千篇一律，让导师们觉得完全没有必要看下去。

商务学校的留学资格，基本上是由AO考试（自主报名入学考试）来决定。根据课题写随笔和论文，加上推荐书提交，再加上笔试的分数。如果是笔试学习，相信大家都是一样地努力，都会有办法解决，问题是在随笔和论文中，考的就是每一个考生的个性。

考官在这一次考试中，可能会去看几千份答案，学历和工作经历都是一样的精英，只要写了任何人都会写的凡庸内容，马上就会落榜。不过在日本教育制度中长大的优等生，他们只会写很多美好的事，并不会写不一样的经历，所有优等生的经历都非常相似，并不会有太大的差别，也就不会给考官留下不一样的印象。

因为人生没有趣味，所以简历也不会写得多么有趣，很难让人印象深刻，或者让人感到不同。正是这样的教育方式，才导致了日本留学生落榜的概率越来越大。此时，能够起作用的，就是所谓的挫折体验。当你经历过挫折，并且用自己的能力战胜它的时候，你对很多事物的看法将更加具有多面性，也更能表现出与其他人不同的人生态度。

我参加斯坦福大学入学考试的时候，提到了自己当时的经历，这种做法在日本考生中非常独特。名牌大学毕业，通过司法考试后却将这些通通放弃，然后进入咨询公司，在那家公司只工作过不长的时间，一年之后就转职到新公司。这种经历拿出来，就可以让简历和其他人不太一样。当然也不是为了留学而加入了波士顿咨询公司，后来也参加了CDI的创立。虽然我并没有把这个作为留学的资本，但这样的经历，的确在留学时代对于我的人生起到了很大的作用。

顺便说一下，最初被认为是非常不稳定的产业再生机构，后来让很多年轻人都从另一个职位跳槽到这里，然后又被顺利录取到哈佛大学和斯坦福大学等超一流的学校。再生机构的轨迹本身就像一部电视剧，而这部分年轻人所担任的工作，也像是企业重建的现实剧。他们的入学考试履历表引人注目是理所当然的，因为学历和能力在某种程度上讲并不是成正比的。如果只有高学历，而没有引人注目的经历，在申请表审查阶段就会被刷掉。

今后，带有挫折体验这种特别内容的履历将会引导一个全新的时代。挫折绝不是羞耻，也不是抹不掉的污点，如果能超越它，锻炼出自己的其他强项，这个经历就成了履历书的核心。

我在再生机构时录取了一位年轻人，他从父母手里继承的旅馆因为经营不善倒闭了，甚至本人也申请了破产。但他在再生机构发挥了挫折带给他的力量，成为酒店和旅馆再生的王牌。现在他自己创业，为日本的酒店、旅馆的再生而继续努力。

不理解挫折价值的人事专员所在的公司，或是那种学历优先的优等生组织，反而更容易遇到风险。对那些因为简历写了挫折体验而被拒绝录用的年轻人，没能去到这样的公司或组织，其实是一件很幸运的事。

机会是从跌宕起伏的人生中得来的。

第二章
增强抗压性，
让挫折妥协的手段

"祸兮福所倚，福兮祸所伏" 的哲理

　　"失败是成功之母"，这句话我相信大家都应该知道，但它并不代表所有的失败就一定会换来成功。那么究竟怎样才能把挫折的力量转化为成功的动力呢？我们将在这一章来进行阐述。

　　首先，要增强面对挫折时的心理抗压能力。在如今这个飞速发展和不断变革的时代，商务人士时时刻刻面对新的挑战，这就意味着所要承受的痛苦和挫折也会相应地增加。虽说这也是让自己学习与成长的机会，但因为一次挫折就沉浸在失败的苦恼中，从而失去了挑战的信心，这样是无法将挫折转换为成功的动力的。所以一定要记住"祸兮福所倚，福兮祸所伏"这句话，要学会从不同的角度看待和思考问题，只有这样，生命才会展现出另一种美。这种想法，在我很小的时候就已经深深地印在了脑海里。在我成长的过程中，家人们将这种想法一直落实在行动上。在这种耳濡目染中，我时刻提醒着自己。

我的祖父与祖母是生活在日本和歌山县的普通农民，他们曾经像电视剧里面演的那样，为了获取更多工作机会，赚够自己兄弟姐妹的学费与生活费，在20世纪90年代的时候，决定一起移民去加拿大的温哥华。尽管在那边要面对种种不公平的待遇，像是排斥移民、种族歧视这些问题，但最终还算是小有成就。

祖父让学业有成的长子独自回到日本，进入东京帝国大学法学部继续深造。当时的日裔移民能进入东京帝国大学非常不容易，因此祖父以此为傲。但是长子在校读书期间被招募入伍，进军营之后不久得了重病，死在了军营，祖父母的生活从此就满是叹息。

我父亲也是一样，人生之路充满坎坷。父亲是祖父的次子，出生在温哥华。由于日加关系恶化，父亲九岁的时候和祖父母一起回到了日本，后来他进入新建立的神户大学开始学习深造，毕业后入职了一家当时名为江商的大型综合商社，不久之后被派往澳大利亚的珀斯工作，主要负责铁矿开发。

那个时候，父亲被公司委以重任，而我也开始懵懂记事。如今我总能回忆起住在珀斯的童年趣事。可是再往后，市场经济突生剧变，伴随着经济不景气和经营状况恶化，父亲工作的江商公司被另一家公司收购合并，父亲的权力也被剥夺，不得不选择回国。虽说父亲并没有被马上辞退，又在公司工作了一段时间，但最终还是失去了工作。失去经济来源后，他不得不开始寻找下一份工作。可那时正是终身雇佣制、年功序列制的全盛时代，虽然父亲的英语非常好，曾被很多的猎头公司招募过，但中途进入公司的员工，不论多么有能力也都会被视为旁系，并不会受到重用，那时父亲所有的工作经历又重新回到了原点。

突然有一天，机会来了。正好那个时候，日本的凸版印刷和加拿大的摩尔公司合并，成立了凸版资讯（TOPPAN

FORMS）。这个项目非常适合在加拿大生活过的父亲，父亲也顺理成章地成为这个公司创业期的一员，不久以后便作为经营者承担了更多的工作。如果当初父亲什么也不考虑地进入了其他公司的话，必然会因为年功序列等制度到处碰壁，所以这就是所谓的"祸兮福所倚，福兮祸所伏"吧。

看着祖父母和父亲所经历的种种波折，我认为人生就是时好时坏、循环反复的。相反，如果父母都过得一帆风顺，走过近乎完美的人生道路，那么他们的孩子自然也会产生"绝对不能失败"或者"不能脱离现在这个轨道"这样的想法，很有可能会变成墨守成规、只求安稳的人。父母不用把自己失败的一面隐藏起来。想在孩子面前树立威信，自然是能够理解的，但更应该让孩子看一看人生的喜怒无常，这样才能对他的人生有更大的帮助。

之前我也说过，我第二次参加司法考试的时候心想：就这一次，拼了命也要考好。但我还是非常遗憾地落榜了，内心受到了很大的打击，尽管如此，还是马上想到也许这就是"祸兮福所倚"吧。每个人在首次展现自己的舞台上，不管被聚光灯照耀还是被人遗忘在角落，都要时刻谨记"世事无常"这句话，这样才能微笑着接受一切。

类似的因为失败被降级到子公司而学会了初级经营、从失败的事业开始入手就不容易再有损失惨重的事件发生、以失败为契机的改革使公司变得更有竞争力的例子数不胜数。我相信大家都应该知道，在科学界，诺贝尔奖的获得者也都是在各种失败中反复尝试，从而取得成功的。

现在的社会中，很多有钱人和所谓的成功人士，家庭和睦的实在少之又少，很多都面临妻离子散的状况，或是因为财产继承权的归属等问题造成的骨肉相争的情况。在那些有钱人的家庭里，兄弟姐妹之间关系好的也实在是少之又少。对很多有钱人，或者说因为工作努力、事业成功后变得有钱的人来说，想要那种家庭和睦的幸福生活，实在是太难了。

现在的成功人士即使有那么多的人生经验，也一样会感到不幸，当你得到金钱和成功的同时，往往也会失去某一样东西，这样一想，也许是为了保持某种公平。年轻的时候，那些含着金钥匙出生的人不愁吃穿，起点也比别人高，

　　他们习以为常的却是他人无法触及的。大家年轻时都习惯将这些人的人生和自己的对比，也许你会因此变得意志消沉，但没关系，也许他们在成功的同时，也在羡慕你所拥有的。所以当你正被失败或挫折压得喘不过气时，你要想一想"祸兮福所倚，福兮祸所伏"这句话。

　　你失去某些东西，也就代表你会得到某些东西，这样你的心情也就会随之变得坦然，你会感觉人生可以变得更加积极。

现代人都被成功学所欺骗

现代社会中，讲述成功哲学以及必胜方法论的书籍比比皆是，但是在现实的人生中，只有自己经历各种各样的事情，搞定所有的外部因素，才能实现成功。这些书中所讲述的大多是以成果反观历史，所有的史料都是在有成果以后才会去讲的所谓的成功哲学论。非常遗憾的是，即使完全按照书里面所写的付诸行动，真正能成功的人，也仅仅只有那么一小部分。

当然，在如今这个飞速发展的时代，任何事情都无法预测，也许就会有某一个时段，所有的事情都会不按照预想而来。因此，当你想让自己的人生上一个台阶的时候，就要在一直"走霉运"的时候努力地运用你超群的智慧。但万事有利有弊，弊端就是人们很容易在"走霉运"的状况下变得不知所措，做出错误的决定。特别是没有受过挫折的人，甚至认为挫折就是世界末日并感到焦虑，结果越来越糟，同时无限放大自己的绝望，使自己在自暴自弃的路上越走越远。公司也是一样，如果员工都是顺境下成长起来的经营者，或者是在优越家庭环境下教导出来的孩子，缺乏社会经验，没有经历过挫折，可能最终会导致公司难以为继。

城山三郎的《落日燃烧》里，写到年轻的广田弘毅在被降职派到荷兰工作时，读到了"风车在被风吹动之前，一直都在安静地午睡"的句子，瞬间领悟到：只要保证能吃到饭，有能挡住雨水的住处，就能保证最基本的生存。这句话如果延展一下就是，有过失败和挫折经历的人，经过这样的历练，强大的自信心就会涌现出来。特别是被降职之类的事情，换个角度想，就是被派到了可以不用负责任的地方，那也正好是充实自己的机会，让你重新审视和改变自己。

选择挑战就会有输有赢。如果你因为某些事情被打败，处于孤立无援的境地的时候，完全可以选择走出困惑，找到一个安静的地方暂时休息，哪怕暂时见不到光也不要怕。时来运转，你所要做的就是在这个时候养精蓄锐，更好地充实自己。当属于你的那阵风吹来时，它会让你释放所有的力量，使你的"风车"转动得更加有力。

无论正在经历挫折的你被认为是落魄也好，逃跑也好，请不要放在心上。人生的路很长，特别是你作为领导或者经营者，必须要做的工作还有很多，所以你没有必要去深究成功哲学里所写的"在多少岁之前不干什么是不行的"的那些内容，那些都是完全无视人生的多样性和偶然性的书籍。我自己也有很多次为了让"风车"转得更有力而选择暂时休息调整，就像前面说的那样。

在人生漫长的旅途中，当你觉得很疲惫的时候，试着远离一切，暂做休整，避开所有的喧嚣，"满血复活"之后，继续战斗。

忙的话就不会有烦恼

　　人的性格各不相同，因此，有的人会在遭受挫折和降职以后，整日烦恼且无心工作。当我看到因为一个小小的失败而意志消沉的人时，不由得想对这样的人说："与其有烦恼的时间，还不如努力去工作！"这样的人是大有人在的，无论你认为自己的工作多么不称心，只要努力去完成公司给你的项目，你就会发现看似无聊的项目中也隐藏着许多有趣的地方，与形形色色的人一起工作也会有意想不到的乐趣。你会发现，在平常认为是无聊的事情里，总能找到与人生相关的道理。

　　以我来说，对于人生和社会的疑惑，解开的契机都是在作为国家事业的产业再生机构出现的时代，以及在大阪和20多个工作伙伴开始手机公司创业的阶段。现在回头想一想，任职于大阪手机公司期间的我，还真是说不好是不是烦恼地度过了那么严峻的时期，或者可以说，因为每天都有新的工作内容，我满脑子只是想着怎么样去解决工作问题，已经忙得没有时间去烦恼了。

无论怎样，创立手机公司在当时还没有人开过先河，我们是第一个"吃螃蟹"的团队。手机公司的前景在那个时候显得特别虚无缥缈，当时的手机以汽车电话为中心，业务全部是出租的方式。因而当我们将它作为一种销售方式来做的时候，无论是卖方还是商业广告，都是从零开始摸索的。建立销售制度、开发销售代理店、整备物流据点、利用计算机构筑信息系统等等，所有这些当时做的事情让我们倍感压力。

公司成立于1992年，并定于1994年开始正式营业。无论是哭是笑，都只能咬紧牙关，努力在两年内完成所有的前期准备工作。既有因时间紧迫和没有先例可循的不安，也有与一部分同事发生冲突而生的焦虑。很多问题挡在了我们前进的路上，这让我已经无暇顾及烦恼，只知道为了解决一个又一个的问题而拼命努力。反过来说，我在不得不拼命努力工作的情况下，根本没有时间去考虑多余的事情，烦恼只会因为工作进展不顺利，在做无用功。如果有烦恼的时间，就以"必须去做"的觉悟去行动，失败了就换下一个项目。这样的话，就可以找到生存下去的路。

无论是暂时休整还是拼命工作，都要放宽心态。无论受到的是什么样的挫折，各种各样的烦恼、后悔之类的杂念都会像风一样吹过。当时我们的公司本身就没有什么，所以就更不怕失去。当所有的杂念被吹走之后，我们能拥有更好的洞察力，会发现工作、人生，还有自己，都有无限可能。

如果不想被烦恼影响，就要拼命地工作，你会看到属于你的无限可能。

看准时机，决定进退的技巧

在当今社会，工作和项目无法顺利进行下去的案例数不胜数。优衣库的柳井正社长的著作《一胜九败》、建筑师安藤忠雄先生的著作《安藤忠雄建筑讲座：连战连败》中都有详细的记载。对于这样的成功人士来讲，如今拥有的高职位与华丽人生，都是由无数的失败积累而成的。

媒体所讨论的话题和写进书里的故事，都是选择最成功的那一部分来宣扬，让人产生一种很容易成功的错觉。但成功的背后，都存在着无数的失败和挫折，那些都是更应该让人知道的。因此，在项目进展不顺利或者公司出现一个很难搞定的局面时，如果能够尽早地止损，对于企业和自己的人生，都有着非常重要的意义。如果在那里被彻底打败、击垮，就无法等到下一个机会，想利用挫折也没有办法了。

在此介绍一些由个人经验而得出的方法。

首先，设定一个止损和清仓的标准。让自己狠下心来，无论牺牲什么，都要按照自己的计划或者按照数值来设定衡量标准，甚至按照以前所说的，就算这个世界上存在无形的运气也可以。在没有到这个标准线之前，你必须坚持不懈地努力，有泪就往肚子里咽。实际上，我们往往最需要的就是这种坚持不懈的精神。如果完成这个计划需要触及一些很亲近的人的利益，或不可避免地殃及同事或下属，也要不遗余力地完成。所以，有必要让自己变成一个"铁石心肠"的人，日常的积累和内心的训练非常重要。

其次，如果你是领导，就应该知道万事皆有可能失败。任何情况下都应该在撤退之前准备好退路以及撤退时的后勤工作，这是作为领导必须要担负的责任。背水一战或者舍生取义的事只有乱世才会有，织田信长因桶狭间之战的奇袭而闻名，但从那以后，他再也没有使用过这种杀身成仁式的战法。决定撤退的时候，如果不留余力地只顾着逃跑，结果都会是战死；哪怕是撤退，也需要有"粮草先行"的意识。

最后，制定决策的时机非常重要，不能犹豫不决，有时候下手越早，痛苦越少。然而，当问题进入死胡同之后，应该把解决这个问题的成本和风险与暂时搁置这个问题而产生的损失比较一下，如果前者明显大于后者，还是选择暂时搁置比较好。当你需要一个情报，却需要等待一段时间以后才能入手，那这个信息的价值比起等待这个情报所需的必要的成本（被竞争对手先行一步因而错过更好机会的成本）更大时，就可以选择等待。

时刻让自己保持客观，在努力的同时，也要准备撤退的后勤工作，就像是"灵魂出窍"一样，作为一个旁观者来看自己的退路。当然，并不是要突然达到这种境界，而是可以通过一些小的失败和挫折，一边面对一边学习，从而锻炼出这样的能力。

与那个全神贯注地战斗的自己一起战斗，把自己的败仗看作是第三人的事情，时刻做好观察另一个自己的准备。

不懂得分析败因

　　如果不想重复同样的失败，就必须在失败后做败因分析。我在司法考试不合格的时候，就在不合格这件事情上面进行了败因分析，之后得出了"因为过于热衷于学习，所以忘记了考试合格的本来目的"的结论。根据这一点，我定好了自己的学习方针，第二年的考试就顺利通过了。

　　就像有"失败学"这门学问一样，从失败中可学到的东西其实非常多，尤其在失败的过程中更容易学习到。聪明的人从错误和失败中学到的东西会比平时多得多，而要想从错误尤其是失败中学到比平时"多得多的东西"，就要认真研究错误、研究失败。而成功一般要结合多种因素，很难确定具体是哪个方面的原因。这也可以算是"塞翁失马，焉知非福"了。

因此，从失败入手，进一步分析根本原因，自己是哪一方面不足、哪一方面擅长，明白自己是哪一种类型的人等都可以分析出来。相反，如果很容易就成功，也就很容易自我满足，不会分析成功的原因；也不会重新去审视自己走过了怎样的路，很难了解自己成功的真正原因，当面临下一个新的挑战时，也许就会吃一场败仗。

当然，能够成功并不是坏事。成功可以给予自信，给予自己接受下一个挑战的勇气和能量，在成长的过程中，会成为一种非常重要的营养源。如果可以的话，在成功过后也好好分析原因。如果养成了这种习惯，就能够磨炼出一种"输赢无所谓，重要的是学习"的心态。许多人并不是特别擅长对败因进行分析，与其说是不擅长，倒不如说是不想回顾失败的心理在起作用。因此，对于败因分析过程中产生的压力和痛苦，找到一种处理方法显得尤为重要。

我会先换一个角度，把曾经的自己当作别人来看，去想象过去和现在的自己是两个人，然后尝试着进行自我观察，这样进行自我分析时会更客观，也可以很好地找到真正的原因。在这种情况下，因为失败已经是过去式，所以对于现在的你来说，还是很容易接受的。你还可以意外地观察到自己的愚钝之处和对一件事的判断能力，就像优秀的运动员用视频数据进行观察分析一样。

学会这种方法，并渐渐掌握和运用它，就能慢慢发现更多不一样的自己。根据这些发现逐渐改掉自己的缺点以及短处，这样一来，就会对自身成长的"PDCA"（计划、执行、评价、改善）有非常大的帮助。

把失败作为自己人生的一部分，在某种意义上是非常难得的一种处事态度。这样一来，把曾经的自己当作另一个人来观察，客观地分析失败原因，就能轻松得到许多意外收获。即使给自己过去的失败找到了一个建设性的借口，也仍然有助于增强自己的抗压能力。

当你先遇见"霉运"，何尝不是一种幸运？

日本在经济高速发展的时代并没有经历过很大的挫折，经济水平得到了相应的提高，也让大家过上了想要的生活。拿我本人来说，虽说整日被难以完成的工作弄得焦头烂额，并且受到上司强烈的压迫，看上去每一天都很困扰，但我并没有把这些看成很大的压力。因为它不会导致我失去生命和钱财，充其量只会导致降职或者被调到其他部门。从这个意义上来说，当时的日本算是一个没有压力也能生存的社会。

现在的日本和当时的已经完全不一样了，社会的各个层面都面临着不同程度的风险。很多公司在十年后能否存在已成未知，即使侥幸存活下来的公司也有可能会面临着裁员或兼并的情况，员工或员工的家人也会面临得病、事故等诸多意外。没有什么是绝对的，无论在哪里或者在做什么，遭受这种挫折的概率非常高，特别是年轻人，除了"运气特别好"的人之外，大多数人都会在某个时候或某个地方遇到挫折。

在这个背景下，影响最大的是四十到五十岁之间的人，挫折带给他们的将会是非常惨痛的冲击。这个年龄段的人多数已经成家立室，房贷和车贷都需要按时还，还要负担孩子的学费、老人的赡养费等，只要一个小小的挫折，就会产生"牵一发而动全身"的作用，影响的不只是本人，还有身边最亲近的人。如果是天生抗压性很强的人，在这种情况下，应该能够撑得过去，这种人的内心很坚定，会因为这些事情而变得更有冲劲。但挫折经验少的人，自身的抗压性就会很弱，在遭受巨大挫折的时候，心理防线可能会首先崩溃，仅仅只是想着如何维持现在的生活，就会陷入巨大的恐慌。因此，年轻时代多积累经验，对自己的人生和身边的家人，都是非常有好处的。

换种思维来考虑，在年轻的时候遇见了很大的变故，何尝不是一种幸运？当你逐渐习惯工作压力后，抗压力就会变强，无论面对什么样的压力，都不会有任何的负担。在漫长的人生道路上，以可能发生的不幸为前提，时刻做好相应的准备，不仅仅是金钱方面，也包括家庭方面的心理准备。如果万一发生什么，家里的开支变少，也不会让孩子们的人生受到很大影响。

这些事情甚至从小孩子选择学校时就要开始考虑，从一开始就把家庭的期待值调整到将来遭遇风险后的状态水平，真遭遇时自己和家人就不容易产生心理落差。早点遭遇不太幸运的事情，就可以让自己今后的人生有备无患，同时自己受挫后的心理承受能力和抗压力都会有质的飞跃。要时刻谨记，无法面对挫折的压力会让自己感到后悔和沮丧，自己继而也容易将情绪带到自己的家庭和工作中，这样夹在中间会非常痛苦。

某著名企业的领导人，在自己创业的公司上市后，依然住在年轻时用妻子名义买的房子里面。那里已经完全能够满足他正常的生活所需。据说是为了万一公司在某个时段遭到变故，也能保证自己与家人最基本的生活质量，不会让自己陷入惊慌失措的地步。实际上那个人创立的公司，并没有面临着严峻的经营环境，或是因为众多的竞争对手而走在淘汰和破产的边缘，反而一路披荆斩棘，至今仍然在蓬勃地发展。

所以我们大可以试着去比较艰苦的地方打拼，或者与很多不好相处的前辈们一起工作，在挫折中愈挫愈勇，试着去寻找那个最坚强的自己。这样，当你四五十岁的时候，即使大灾大难找上，你也会不屑一顾地勇往直前。

今后的年轻人，最好能以这种态度面对人生，时刻想着有可能会遭受非常大的打击与挫折，居安思危，未雨绸缪。就像20世纪80年代前最受年轻人欢迎的日本航空，也在某个时期突然遇到巨大的困难而面临倒闭，何况在以后的时代，即使是铁饭碗，也可能遇到一些意外，这些都是完全可以理解的，也是需要做好准备的。比起只知道计算自己年均收入的小聪明，更应该去学习的是在年轻时候遭遇挫折后的应对方法。只有这样，以后的人生才有可能在轻松愉快的氛围中度过。

经常受挫的人的人生就像是一部充满刺激的历险纪录

片，有很多磨炼自己的好机会。所谓的幸福人生的一种，可能就是不断地遭受挫折，然后去战胜它，去享受这种反败为胜的快感。无论多大的挫折与不幸，我们只要想着这是锻炼和提升自己的机会，就能放平心态，冷静地面对一切问题。

经济高度增长时代工薪阶层的人们，他们的"幸福"也别有一番趣味。很多人一味地以升职加薪为目标，也有很多人得到了权力、财富和名望。从表面上来说，他们认为已经得到了自己想要的，就是幸福的。但是长此以往，他们就会厌倦这样的生活，处于"身在福中不知福"的一种状态。可他们又无法放弃已经拥有的，也不能接受换一个工作环境让自己从零开始，反而就和幸福背道而驰。因此从某种意义上来说，不安稳的人生换来了更多的可能性，从而能更接近真正的幸福。

另外，背负着家庭的责任，压力本身就会很大，而培养强大的抗压力又会随着年龄的增长而越加困难，习惯那种紧张气氛的能力也会越来越弱。因此，如果可以的话，最好从年轻的时候就开始习惯，对于已经到了一定的年纪又没有自信的人来讲，比起突然跳出来的大挫折，还是慢慢习惯比较好。

这就和学习一样，越早开始就越好，放开手脚去挑战那些比较有难度的工作，对于你才是最好的经历和体验。不管怎样，如果突然受到很强的压力，又不知道解决方法，就很容易陷入恐慌。如果顺利地度过，就能够形成抗压力的特质。但是往往越认真的人，就越走不出来，他们不能容忍自己的失败，并不是找寻不到"出口"，而是自己把"出口"堵住了。找不到宣泄点，却还要承受巨大的压力，最终会导致心理防线的崩溃。因此，越是认真或不习惯失败的人，越是要积极找寻"出口"，并增强自己的抗压力，把自己锻炼得足以面对突然出现的意外和挫折。

去经历挫折，增强对压力的免疫力吧！

自食其力的重要性

　　当一个人连生存都有问题的时候，怎样使自己的精神境界更上一层楼呢？遇到挫折时，如果自己失去了生活的力量，那将很难走下去。无论在什么情况下，首先要做到自食其力，才是最重要的。在我们的学生时代，父母会给予自己生活上的帮助，但长大成年之后，就需要自食其力，至少让自己能够在这个社会上立足。无论你多么有自信，多么不可一世，如果不能在社会上满足自己基本的生存需要，那其他的就都变成了空谈。

　　自给自足在当今时代的要求是，在紧急情况下也要有赚钱的能力。如果这方面能力比较弱的话，那么自己能接受的最低限度的生活水平也一定会变得很低。日常生活的花销，特别是固定支出比较多的话，一旦出现问题的时候，人生的选择就会变得很受局限。所以，固定支出需要尽量减少一些，如果可以的话，努力提高自己的收入，也就是要有一技之长，无论何时都能用自己擅长的手艺来换取最低的生活保障。

你需要时常扪心自问，自己是否掌握这样的技能，擅长的又是什么呢？无论是在工作中还是在职业的选择上，这件事一定要时刻谨记。二十几岁的我开始意识到了这一点是因为父亲当时工作的名企破产，在那之后，父亲利用出色的语言能力和商社时代掌握的技能、经验转职成功，并且以成功者的姿态继续在商业道路上走了下去。

顺便说一下我的经验，从东京大学没有任何压力地毕业，然后在大型企业担任管理职位。但发生紧急状况时，我的这些经验完全没有任何实质性的帮助。资格证并不能转换为金钱，看看如今日本律师就业的困难程度就应该明白。

请重新审视自己，你所掌握的能力与技能足够换来金钱吗？

安慰一个人，需要能够承受他的痛苦

对于一个内心饱受伤痛煎熬的人来说，能够治愈他的不一定是医生，还可能是和这个人有着类似经历的人。对于受到挫折的人来说也一样，在被打击得体无完肤时，被成功的人鼓励和安慰，大概率是不起作用的，相反，会让他们觉得自己更加悲惨。

在这种时候，能够支撑他的是与他有过同样失败和挫折体验的人。对他而言，他们甚至和父母一样，会用感同身受的话语支持并鼓励着自己。只有经历过那种被伤得体无完肤的痛苦的人才能真正地打开自己的心扉，并给予自己勇气。因此，在遭受挫折的时候，能有这样的朋友在自己身边是很重要的，这完全与财富或者社会地位无关，而且，这种对自己的帮助是无可取代的。

对于我来说，只能说运气很好。祖父母和父亲的一生都浮浮沉沉，从这个方面讲，让我占有了"先机"。如果在你的家族中，没有承受过痛苦的人，那么就建议你进一步扩大人际关系网。特别是那些优等生，没有受过挫折，不要只与有权势的成功人士或地位高的人沟通交际，一定要注意这一点。

在真正亲密的人中，一定要有经历过磨难的前辈和朋友。

无论什么样的命运，都要先学会接受

　　看一下我们周围的人，整天抱怨生活的一定大有人在。虽然存在这样的想法，大多是出于面对现实的无力感和焦躁感，但也要忍耐。忍耐在一定程度上有助于增加一个人的抗压性，在这个时候，最好想着四个字——胜负有时。自己的运气不够，或者还没时来运转，这样想就好了，其实这也是最简单的道理。之前说到"塞翁失马，焉知非福"，然而如果只用自己的经验，也是很难顺利完成工作的。在过去的经验中，我就借助了很多的外部力量。"天时、地利、人和"在很多情况下对事情的结果起着决定性的作用，再加上为了成功而尽全力去做，预想会有什么原因导致失败和可能出现的突发状况，并提前想好应对方式，才能够做到万事俱备。

一个项目由立项到最后完成，虽说我们会预判到很多的小问题，但凡事都很难做到完美。靠这些预判尽可能提高成功率，剩下的还需要靠一点运气，能不能走好运，有时还是要看你的命运如何。实际上，一些成功人士在被问到成功的秘诀时，都会说自己的运气很好，比如偶然间遇见了赏识自己的人等。其实，这又何尝不是创意和好运的美好邂逅呢。

这个世界的很多事都没法按你所预想的发生，很多人都有着近乎天真的执着，并不去考虑大环境的情况，容易把商品和服务搞得很小众，结果要么"胎死腹中"，要么无功而返，甚至有可能赔得倾家荡产。这些情况的确会有计划不完善和努力不足的原因，但很多时候真的都是因为不走运。类似的商品和服务也许在几年后会变得炙手可热，只能说运气还没有找到你，而你能做的，就是"尽人事，听天命"。

命运也可能会带来灾祸。之前也提到，我的父亲在最初的公司破产后，就跳槽到刚成立的凸版印刷株式会社，取得了意想不到的成功，但在作为公司的专务董事时期，却得了由慢性肾炎引起的肾萎缩这样的重病。以当时的医疗条件，痊愈是非常难的，为了活下去，只能选择开始人工透析或肾上腺移植，那时候，我的父亲刚刚五十岁。

透析需要每周做四次，每次都在几个小时以上，只能躺在医院的病床上，而且要受到非常严格的饮食控制，连水分的摄取量也会被限制。对当时活跃在全世界商场的父亲来说，这是一个非常糟糕的境遇。

如今的我也渐渐接近了父亲当时的年纪，就更加懂得了父亲当时的不易。当时的他坦然接受了那种情况，每次出差之前都要确认好当地的透析医院，其他时候就像什么事情都没有发生一样。在那之后也继续工作，一直到六十岁之后，退居二线。因为年轻时他就很喜欢澳大利亚，所以晚年时他在澳大利亚的凯恩斯开了一家专业的透析医院，很愉快地度过了之后的生活。

对我来说，父亲是最好的榜样。无论什么样的命运，都要先学会接受。人生只有一次，它不能重新来过。遗憾的是，这样坚强的父亲，几年前还一直保护着我，看着我在产业再生机构完成工作后，他因为心脏病发作离开了这个世界。现在回想一下，他的人生观就是"所有人最后的归属是一样的"，当想清楚这件事以后，就不会去憎恨眼前的任何磨难。要去接受命运赐给你的一切，然后在其中开拓自己的人生，这样的观点颇具远见。是的，正如那句流传很广的话："记住，你只是一个凡人，终有一死。"

死亡将平等对待所有的人，平凡的我们应该学会与命运讲和。曾经的那些斤斤计较的事物和无尽的烦恼，我们若用无所谓的眼光去看待，心情就会因此而变得更加轻松，看事物也会变得更加透彻。这样一来，你会意识到，比社会的评价和他人的眼光更重要的，是活在自己的人生中。无论你有多痛苦，也会很清晰地知道，自己应该选择和舍弃什么。只有那样，才可以从承受巨大压力的苦恼中解放出来。

记住，你只是一个凡人，终有一死。

第三章

在人际关系的泥潭中
吸取养分

人各有异，公司也是如此

对于上班族在公司中发生的故事，只作为顾问是无法一一了解的，但这也正是我们在经营公司时要注意的地方。特别是我所任职的手机公司，像这样的集聚型团队往往是由多个完全不相干的部门组成的。在人员如此多而杂的情况下，要做到互相合作、能够圆滑地处理好所有的人际关系，是一件特别困难的事。在这时，最重要的方法就是要掌握每个人的某一特殊喜好。

例如，钢铁制造商有钢铁制造商的思维定式，商社有商社的思维定式，电器制造商有电器制造商的思维定式，大家都认为自己的想法和做法是对的。即使是同一个专业术语，在不同的行业，也会有完全不同的解释。比如"长期"，钢铁制造商的人考虑到的长期通常是以二十年或三十年为一个周期；而对于商社还有那些与市场贸易相关的人而言，十年以后的事都是遥不可及的，甚至他们的"短期"只是单纯地指今天。尽管他们同样是日本人，但头脑中所思考的内容却完全不一样，所以，话不投机也是在预料之中的。

而员工中，有的已经接近退休，有的是刚进公司的年轻人；既有马上要被外派到大公司进修的人，也有从派遣公司来的女员工；等等。每个人的背景、职业和能力都是完全不同的，如果不了解这些员工的特性，就无法带动整个组织。以上的这些经验对产业再生机构的工作具有很大的帮助，因为在从事各种行业、规模的企业重组工作的时候，首先要做的，就是看清那个企业的员工的思考习惯，这即使在同一个公司也是很重要的。由于营业、制造、会计等各部门的不同，他们使用的语言和立场都是完全不同的。如果不了解其他部门的思考习惯，即便是感觉很有把握的项目，也无法达成共识，会导致意料之外的失败。

产业再生机构本身是银行员工、顾问、会计师、投资基金组织、律师、工会、官僚等非常多样的人员和机构的聚集地，产生摩擦和内部对立可以说是家常便饭。幸运的是作为首席运营官的我，因为有过在类似的情况与背景下的痛苦经历，以及很多从事这些职业的体验，因此，组织内部从对立转变成协调、团结的过程，基本上都是根据我预想的"剧本"来进行的。

这其中最重要的是要对他人有兴趣。对他人有兴趣，当然就会注意到对方的习惯，对此可以积极地利用所谓的"饮酒场所"或者"吸烟室"谈话。总之，虽然不是国会答辩那样的大阵仗，但是人各有异，知己知彼方能百战不殆，我们一定要先研究才能攻破，人是如此，公司也是如此。

经营公司就跟谈恋爱一样。当你遇见了一个比较感兴趣的异性，那么你第一步要做的就是去了解对方。只要抱着好奇心观察，那你一定可以在那个人身上发现很多闪光点，你会发现那个人在某个方面一定是值得去爱的。当你能够掌握这些，你就一定能达成所愿。

消灭群体的蛀虫

并不是只有了解所有员工的习惯并采取相应的措施，就能让人际关系变得更好，有时也需要采取一些非常规的应对方法。我们的手机公司成立之时，有一个从知名的大型制造企业调到我们团队的人，他的技术能力和工作经验都非常出色，但他却完全没有工作热情，常常表现出消极怠工甚至偷懒的一面。他具有与这份工作相匹配的能力，并且在肩负重大责任的岗位上任职，但无论谁见了他，都会觉得没有这个人工作也许会更加顺利地进展下去。

我同样无法理解他的行为，所以开始充分利用吸烟室和酒会的接触机会，并且从各种渠道收集包括他本人在内的诸多信息，之后才终于明白，他对于来到这个公司这件事本身就抱有很大的不满。对于身处大型制造业的他来说，被派到刚成立不久、自己又什么都不了解的手机公司，他是从心底里反感的。与现在不同，20世纪90年代初的手机被称为泡沫经济时代的装饰品，也被认为是只有少数人才会使用的特殊工具。

对于想早点回到原单位的他来说，如果在这个公司取得很好的成绩，成为难以替代的人就麻烦了，为了尽快被"赶回去"，他选择故意不认真工作。同时，因为两地分居，他与爱人也发生了很多矛盾，更加想早点儿回到东京。何况他比较淡泊名利，如果能够被调回东京，哪怕自己的评价和职位都会因此而降低，他也不会特别在意。因此，他会选择一边摆出一副自作聪明的外表，一边偷懒。像这种高学历且年龄偏大的一流企业职员，对于自己的价值观和家庭情况在内的真心话，除非是被逼得走投无路，一般是不会向任何人吐露的。

既然我们所向往的目标完全不同，那我当然无法真正地改变他。尽管说服他的方法是有的，但是在创业这个最需要人手，也是最忙的时期，在一个人身上能花费的时间是有限的，而且越了解他的背景，就越认为他并不适合我们这个团队。

直到有一次他出现了明显的失误时，我决定直接向最高层汇报，我对社长直截了当地说："因为这样的理由，他并不适合再继续任职，不如顺从他的意思，把他送回位于东京的公司本部。"当然，这种行为在某种意义上是不道德的，无论是在组织运营上，还是站在我自己中层领导的立场上，都伴随着很高的风险。尽管在公司内部，大家都认为他就是一个问题人物，而我也只是与社长秘密地进行了那场谈话，并不想使谈话内容被其他人知道，可这件事最终还是被大家当作茶余饭后的小道消息传播开来了。也正因如此，后来公司的其他职员渐渐地开始防备我，批判我的人也逐渐增加了，不过我早已在心理上做好了接受负面舆论的准备。从使他本人得到幸福的角度来说，我始终认为在那个时刻把他从公司剔除这件事，对公司，对个人，都是最正确的选择。

背叛和消极

　　某工厂厂长决定将工厂出售给我们，随着交付日期的临近，出现了很多问题。例如，发现了新的土壤污染、建筑物的抗震耐火问题等，导致交付日期一再延迟。我们觉得本地出身的厂长很可疑，于是调查了他的背景与人脉。结果从一个可靠渠道打听到，他的女儿马上要举办婚礼，作为父亲，以厂长这样属于当地名人的身份出席，是能帮助女儿提高新的人生起点与拓宽人脉的一次好机会。为此，厂长对于将工厂的控制权在婚礼之前交出去感到非常为难。如果事先说实话，我们也许会酌情考虑。不过厂长为了自己的面子也很难公开说出口吧。

人们选择背叛或采取消极行动，大多都有这样或那样的情况，总是有借口的。其实与其说是因为单纯的自私，不如说是因为有特别重要的事情或是想要守护的东西，在那种情境必须要"做坏事"的情况比较多。面对独生女结婚等种种情况，作为父母竭尽全力去守护，又何尝不是一种人间大爱。

"作为厂长当然要优先考虑到工作职责"的说法说出来很简单，但公司也好，工作也罢，对于一个人的人生来说，都不过是让自己变得更加幸福的一种工具。人的一生，不可能所有事情都顺风顺水，不可能所有事情都无愧于心。虽然不是《鬼平犯科帐》中的长谷川平藏，但"人类一边做着好事，一边做着坏事"的确是被多数人所认同的，包括我自己。

在人类的行为中，善与恶都能在同一件事上体现出来，因为这个世界的运转就是矛盾互相依存和互相转化的结果。即使是科学发明，无论是原子能还是遗传基因技术，都是一柄双刃剑。就像汽车，在给人带来出行便利的同时，也带来了大量的交通事故和大气污染。

在日本总理大臣的选举中也有类似的现象：以善良的动机向着美好的梦想起航，反而导致很多人变得更加不幸。马基雅维利也谈论着同样宗旨的事，在人类世界中，许多悲剧都是源自领导人善良的动机。

作为一个普通人，人际关系中都存有善恶两面。面对某个人的负面影响，可以更积极且富有建设性地去看他的恶中之善，也看他的善中之恶。不再从单一、狭隘的角度看问题，培养多角度、多层面看问题的能力。这样，每一个来到你眼前的人都会呈现出"立体感"，也会变得有趣起来。

善恶存于一体，人类的悲剧或许多出于两难之间。

日式风格说客的技术

　　大多数人既不需狂热地去开创新事业，也不需在濒临破产边缘的企业里如履薄冰，而是应该都有过这样或那样的成功，所在的公司或工作都还可以维持生计，但很有可能你如果这样持续下去，不久之后，一切将会变得比较棘手。学会驾驭组织的壁垒和复杂的人际关系，是我从多次的失败中掌握的一种技巧，还是以手机公司作为案例介绍给大家。

　　无论从事什么行业，起始都非常重要。正如我已经说过的，最初赴任的大阪公司也面临着各种各样的经营问题，不过公司在销售代理店的整备和宣传活动时投入了很大的力量，并且与演员哈里森·福特合作的电视广告也相当受欢迎。在同一个集团中，我们亲自参与的关西地区的经营情况是最好的，特别是刚开始的半年左右，所有项目都在有序地向前推进。此后，我自己辗转到公司的各个地区，参与各个分公司的开业，因为在关西地区时已经把很多问题考虑到，或者说已经遇到过各式各样的问题，所以各个分公司的工作进展也都比较顺利。

在公司开业3年后，某分公司提出，需要重新评估到现在为止的做法，改善一下沿用至今的创业战略，根据市场的变化重新制定公司策略。手机的战略由"4P"来决定，"4P"就是指价格、产品、渠道和促销，具体的做法包括如何打造收费体系，如何处理终端机和通信网络，如何处理销售渠道，如何进行广告宣传。根据不同的市场情况自由组合再制定战略，但首先要确定目标和诉求点。在面临新的市场格局时，首先占领新市场的才是赢家，转移到稳定增长阶段后，需要更具战略性地整合搭配。

当时的商务男性市场已经被两家大公司抢先占领了，于是我们与公司内的改革派一起提出建议：以告别传呼机时代的女性为目标客户群打造产品。这是非常典型的、具有挑战性的战略。如果过于限定客户群体的范围，将很难取得成功，凭借吸引广泛顾客群体的经营者是这样认为的。通过对年轻女性作为潜在客户群体进行分析，经营者发现：她们对手机的需求主要是和朋友、伴侣聊天……考虑到最后，经营者还是决定将目标客户群放在这一类的年轻女性身上。因为经营者认为，如果能够取得年轻女性的支持，周围的年轻男性也会随之而来。

走这一步险棋的结果是，这种边缘战略生效了，可以说是和现在的软银（其实它是通过多次的收购合并以后才成为现在的软银移动的）相似的战略。虽然这是个大胆的战略，但因当时品牌形象恶化、新合同数量减少、解约率增加等令人头痛的经营状况，我们还是暂时采用了这种市场战略。

一旦缩小客户群体的范围，网络和收费体系、终端机的设置、广告投放等策略也必须要重新制定。具体来说，就是以转变成更潇洒的电视广告风格、手机名称修改等为新的营销策略，销售方面也取消一切让人生疑的销售代理店，以我们公司的手机专卖店和家电量贩店为中心，让客户在最安全、最明亮的地方购买。而且预料到女性对短信的喜爱，决定开始使用手机短信和互联网连接的服务。

这个战略对于公司来说，是从来没有过的一种新的模式。"4P"新模式的运行对公司的所有部门都带来很大影响，公司各个部门也会产生一些反抗和排斥的声音，这是公司运营中的一种惯性。毕竟大家都是第一次面对"4P"新战略的实施，特别是通信网络的整备、新终端的开发和互联网接入服务的开始，至少需要一年的时间适应。由于员工对组织的抵抗感以及对新战略的不习惯而产生的试行错误，公司业绩在一段时间内明显下滑。

这些情况发生之后，公司内对我们的责备的声音就大了。随着新战略饱受种种议论，管理层开始感到不安，股东也开始产生各种各样的抱怨。但我非常明确地认识到，这样的改革绝对不能半途而废，"4P"战略已经开始执行，如果放弃，之前的一切努力将化为泡影。改革派这时采取的对策是忍耐，其他人想说什么、说多少都由他们，我们亲身经历了迄今为止市场最前沿的变化，坚定地相信新战略是正确的。

每一天都面临着来自各方面的指责与质疑，不过我们并不畏惧，也不妥协，坚决要求各部门配合，虽然有时要立足事实进行讨论，但有时候也要诉诸情感。我们倾注了很多精力，一边持续着争论和小冲突，一边推动着整个公司往前进。这种情况之下，即使自己认为一定是正确的，但要在短期内让别人"分清黑白"，也往往会起到完全相反的作用。即便争论赢了对方，目前的状况也不会改变；何况如果输了的话，这个项目就彻底没戏了。

就在顽强忍耐的这个过程中，认同我们的人数在逐渐增加。如果我们态度强硬，也许会引起他们对我们的排斥和憎恶。即使不赞同对方的意见，也要非常努力地倾听对方的声音；然后只需要说一句"原来你也很辛苦啊"，只要这一句，双方就会产生很多共鸣。不仅是公司的会议，下班后的小聚会也很重要。尽量让自己想"无论怎样，地球还是在运转，明天的太阳依旧会升起"，然后耐心地等待事情好转。

日本组织的行动方式与跷跷板很相似，通常重视集团内部的协作、容易受氛围影响的日本人，在一定数量的人明确了改变宗旨的意见后，其他人附和的情况并不少见。无论好坏，多数派会像雪崩一样改变宗旨，跷跷板朝着相反的方向"啪嗒"一声就倒下了。

公司某个整改方案，只是几个人最初的设想，进而通过一次简单的说明会或者一次简单的阐述就顺利通过审批，这种情况在日本是特别罕见的。至少要经历很长一段时间的频频低声私语、申请与被控诉，最后才能在情和理的感召下取得成功。孜孜不倦地以少对多地做工作是关键，随着被说服的人数一点点增加，终于有一天会拥有足够的实力使跷跷板动起来。最初以1人对99人开始的跷跷板游戏，1的那边刚超过50人，跷跷板一下子就动起来了。表面看来戏剧性的转换，其实是踏踏实实做了大量工作的结果。

我们耐心地做着工作，在"4P"战略出成绩前"忍气吞声"。终于在第二年，业绩开始直线上升。采用的藤原纪香的宣传画在当时大为流行，组织的跷跷板一下子朝相反方向倒去。作为抵抗势力的人们，也突然转变成改革派，经常会说"我开始着手了"这样的话。在那之后，公司的改革进入了更加快速的发展时期，此后，公司的用户数跃升到了业界首位，新顾客的数量也仍旧继续增长。

这个方法，与组织里的上下级关系并无关联。其实就是一场制造对自己有利氛围的游戏。根据场景的不同，无论是中层管理者也好，还是一线的普通员工也好，谁都可以利用这一点获得成功。我们也可以理解为在历史的转折点上肩负重大责任的人在掌握权力之前，已经在背后取得了很多看似不起眼的成就。

反过来说，一些聪明人和高学历的人很难这样踏踏实实地去做一份工作，如果逻辑上的说服失败了，就会发出"那家伙太愚蠢了，不可理喻"的感慨，然后放弃。如果只是单纯的评论家或顾问，这样简单说一句就可以了，但想要在现实经营中生存下去，碰到阻力就放弃是肯定不行的。从某种意义上讲，如果不继续做说服工作，跷跷板依然不会有丝毫变化。

所以要记住，跷跷板一直到51比49之前都是纹丝不动的，在那之前，要学会忍耐和坚持。

让内部反对派土崩瓦解的方法

　　如果想在内部讨论并通过自己的意见和建议，就不要害怕与人产生分歧。当然，不管不顾地把任何人都当作敌人去辩论和争执，这是浪费时间和精力的。因此，不仅需要正面攻击，还需要学会趁人不备采用迂回的方法出击。面对这样的情况，最重要的是寻找可以建立伙伴关系的人并且减少敌人的数量，特别是当你想通过你的力量来改变公司的现状却引发一系列冲突的时候。

　　如果想改革公司，就要找一个能够因为改革而获利的人，然后先把那个人当成自己的伙伴。有很多人会错误地认为改革会造成自己的损失，你要尽早告知他不要担心，防止对方成为敌对势力。接下来应该做的就是分裂抵抗势力，所谓的抵抗势力并没有我们想的那样团结，他们彼此间存在着利害关系，我们可以通过一些手段让对方不再是铁板一块。

假设抵抗势力的人数占全公司的一半，在经过具体的细分之后就会发现抵抗势力之间还会有很多目的不同的小团体，各自的小团体人数是全部抵抗势力的10%或20%左右。我们有50%，如果是这种正常比例，集中我们自己的力量逐个击破就可以了。

攻击某一个抵抗势力的时候，不对其余的抵抗势力进行攻击，或者制造一种不会威胁到其余抵抗势力的假象，这样，其余抵抗势力中的大半也许会转变为旁观者。一部分可能仍会站在抵抗一方，但同时也会有人出现转变，成为我方的伙伴，用简单的数学逻辑就能慢慢粉碎这些抵抗势力。按照这样的方式分裂抵抗势力并逐个击破，即便只是击败一半的抵抗势力也是胜利，因为在人员比例上面我们已经取得了非常大的优势，这就是"兰彻斯特定律"在公司权力斗争中的完美应用。

另外，对于抵抗势力的最高指挥者，还是不要有针对性的攻击比较好。将抵抗势力的顶尖人物定为组织的"癌症关键点"并企图彻底解决，这是很常见但也很危险的方法。被针对的领导者为了保护自己而努力地集结抵抗势力，这样一来，事态就会陷入泥潭，改革也很容易受挫。所以尽量不要使用"某某部长是组织的癌症"或"必须打倒某某常务"等攻击特定人物的话，因为这样可能会起到完全相反的作用，导致被攻击的对手变得更加不容易妥协，以他们为中心形成的反对势力，很可能又变成一种威胁。

从这个意义上来说，"抵抗势力"的表述是非常具有代表性的。因为没有去针对特定的某人，大家没有感觉这句话属于个人批判，所以也有助于将抵抗势力转换为不抵抗势力。在语言上进行修饰，会使抵抗势力很难集结并保持意见的统一。

关于解决这种抵抗势力，我们从历史上能学到很多。在变革的时代，如果在"战备"中学习权力应该如何行使的话，也有很多可供参照的案例。东方的《孙子兵法》和西方的《君主论》都是非常好的参考书。

与人或组织进行战斗的时候，尽可能增加自己伙伴的数量，或者减少敌对势力的人数，分裂敌人，然后逐个击破。

怎样寻找值得信赖的合作伙伴

每个人身边都少不了朋友，有几位值得信赖的伙伴很重要。特别在选择和自己生死与共的兄弟方面，我们要掌握好选择的方式与方法。

首先，与你第一次见面就使你感觉"志趣相投"的人，千万不要相信他们所说的"让我们一起来做吧"这样的话，这些人中的大部分只不过是"演员"。当情况变糟时，他们马上就会离开你。他们属于"墙头草"，哪边风大就会往哪边倒。

那些不了解挫折并且在精英群体中长大的学生更有可能被这些人欺骗。因为他们一直生活在顺风顺水的世界里，不容易发现这种人表里不一的本质，不具备分辨这种人的能力。当有麻烦发生的时候，他才会注意到自己的身边更多的都是酒肉朋友，并没有谁会选择留下来和他并肩战斗。值得信赖的是和你甘苦与共也没有背叛你的人，只有这些在困难时刻没有选择离开自己的人才是真正的可靠伙伴。

还有一种情况，就是你越是遇到挫折，就越能看清楚人际关系的真相，这是建立真正信任关系的机会。如果你与别人同时面临着艰巨的任务，就会出现"如果在这次的项目中退出就可以全身而退"或者"管别人累不累我自己轻松就可以"这样的情况。如果你的伙伴并没有选择逃脱，坚持留下来与你并肩作战，那他就是真正可靠的同伴。因此，在这个层面上来说，挫折也很重要。

顺便说一下我自己，对于可以信任对方到什么程度，主要取决于以下两个因素：一是那个人本身的性格和人品可以信任到什么程度，二是那个人所在的立场值得我信赖到什么程度。它类似于一个函数公式，将这两者相乘所得出的结论，才可以决定在多大程度上信任这个人。即使某个人在性格、品质的某种程度上是可以被信任的，但这个人身处的立场不同，那么，信任也是有一定限度的。多数人会表达一种"到目前为止我能兑现我的承诺，但超过这个范围我无能为力"的态度，因为人性是会受外力影响的。只有公司奖惩分明，公司的激励结构能充分调动员工工作的积极性、提高员工的工作效率和公司的经济效益，在困难面前才能充分发挥每个人最大限度的实力。即使是你不熟悉的人，如果他是负责任的，他也会在很大程度上保持承诺，这对他的激励结构来说是合理的，但是，你可以相信那个人的程度只有一点点。

当然，还有些人根本不可信任，这些人不需要把他们当成对手，现实生活中这类人的数量在10%左右。对于这样的人，你要仔细观察他们的一举一动，而不是单单听他们的言语，因为他肯定会在你的面前说"好事"，同时在背后言辞激烈地议论你的不好，如果仔细观察，你肯定会发现。有时候我们试着去弄一个让对方露出马脚的"陷阱"，对方肯定会在短期内上当，并且露出真面目。对于以下几种类型的人，一定要非常谨慎。第一种是当你取得胜利时，笑嘻嘻地接近你的人；第二种是在你陷入危机时，用甜言蜜语在你耳边低声私语，说别人坏话的人；第三种是初次见面就和你"志趣相投"，或者表现出十分欣赏你并轻易释放好感的人。

在日本专门成立产业再生机构时期，政治家之间发生了很多危险万分的事。在电视上做了好事的政治家，在关乎自己的选区出现问题的时候，就会说出与平时完全不同且让人难以置信的话，无论是执政党还是在野党无一例外，对此我深有体会。

我曾经直接或间接地听到过"虽然我们这次败选了，但你也别太得意，晚上走夜路的时候给我小心点"这样带有恐吓性质的话。实际上，一部分媒体舆论也开始渐渐地注意到一种情况，那就是与敌方势力的结盟。

通常来说，部分扮演坏人角色的政治家在面对某些待解决的复杂问题时，也会在某一时间段里成为我们重要的合作伙伴。这样的人，一般在选举中的表现都是很好的，对于政治家来说，不管有没有事，最关键的就是要赢得选举的胜利。所以，在选举胜利这一压倒性的现实面前，无论是国民还是国家利益都被暂时搁置的情况也不在少数。在他们看来，没有永远的敌人，只有永远的利益。

不要去相信那些和你初次见面就显得"志趣相投"的人。

如何转述坏事

处在复杂的人际关系中，一定需要掌握的是"如何转述不好的事情"的能力。如果需要传达的是好事，例如晋升或者加薪这样的事，那么说起来就容易得多。比如，政治家经常说的"美丽的日本"或是"最小不幸的社会"，这些是非常简单的，谁都可以不加限制地去说。但是在一个人原本就负伤在身，伤口伴随着疼痛的同时，你还要跟这个人说"对不起，这次你要为了大家做出牺牲"这种话，那才是作为领导要经受的考验。

以日本国家财政问题来举例说明，如果按照一直以来的做法——在现在的社会保障供给基础上持续增加供给，国家财政将很快变得一无所有。国民也不愚蠢，他们充分了解现状：生育年龄人口极速减少，经济增长趋势放缓，社会保障制度的负担日渐变重。财政政策只能保一时，对于十年、二十年的长期增长来说，完全不能想象。于是，政治家只选择讲好的一方面，即使这样也无法让民众信服，反倒被扣上了"说谎当政者"的帽子，只会让更多怀疑的目光投向自己而已。实际上，当问起选民"为了重建财政，消费税是否应该增加"的问题时，有六成左右的回答是应该增税，为了国民社会系统的变革，多数人都拥有接受现实的态度。

在2025年左右，日本20世纪四五十年代出生的人口逐渐成为高龄人群，现在执政党的前进路线导致必须进行强制性的增税。此外，日本国内在实现经济活性化的转变的过程中，为了保持国民对"苛捐杂税"的负担能力，一定会施行北欧式"冷酷无情"的企业竞争政策。所谓的北欧模式，在日本都是以社会福利、社会保障充实而闻名的，但其中也有不太被大家所熟知的另一面：无论多么大的企业，无论有多少年历史的企业，当财政出现赤字，入不敷出的时候，并没有任何人、任何组织会伸出援手，只会任由企业衰败直至破产，像日本这种会采取国家保护的情况并不会出现。因此，中小企业更是随时都面临着破产或是倒闭的局面。这种政策导致了瑞典的汽车制造商萨博公司的破产，相反，芬兰的诺基亚和瑞典的宜家、H&M 等品牌公司在当时渐渐成长起来，实力强大的企业逐渐增加。实现经济活性化，得到的税金能够增加社会保障的经济基础。

对于工薪阶层，北欧并没有像日本一样严格的解雇政策，北欧企业不需要的人随时面临被解雇。这些被解雇的人在领取失业补贴的同时，需要在技术培训机构接受教育，用在培训机构里学习的技术和知识，实现再就业。北欧的公司并不像日本的公司共同体那样，是被集体所包起来的社会，而是更加"冰冷"的"机械社会"。如果以北欧为目标建设福利国家，就必须要让人们了解到他们严酷的企业竞争，同时需要废止关于中小企业的扶持政策以及现有的解雇政策。

前首相在改革时能够得到国民支持的很大原因是他如实地向大众说明了其中的利弊。他指出改革肯定会在某种程度上让民众产生一些贫富差距，但以当时的情况来看，必须要以财政重建为先。国民在综合考虑之后，才选择了支持他。

公司也一样，没有倒闭的风险，也不会裁员，并且会持续盈利，各项福利政策都在按计划施行，但发表类似言论、看上去能够创造美好未来的社长，只会增加所有员工的不信任感而已。尽管个别的企业可以成功前行，但是在日常的生活工作中，有过相关体验的职员马上就能明白公司在哪里出现了问题。让员工产生"怎么可能有那么诱人的条件"这样的猜疑，员工的心会渐渐与社长产生距离，甚至出现隔阂。

职员与领导相比会乐观些，但大体是知道"自己并没有给公司付出超过薪水额度的工作"的，或者有"公司现在的业绩还可以支付工资吧"的想法。整天只说漂亮话的领导是得不到员工的信任的。如果为了改革而想抓住人心，光说得好听是不起作用的。现在的很多领导都认为，只有给员工描绘一幅美好的前景，员工才会安心。但事实正好相反，领导必须注意自己与员工之间的理解点是否存在很大的不同。在这一点上，人和人的关系也一样，只有在真正很重要的时刻给你泼冷水的朋友才是真正的朋友。一起工作的时候，应该相信的一定是这样的伙伴。

无法传达坏消息的真正理由既不是出于体谅对方，也不是因为关心对方，而是怕在传达的时候被反对和排斥，在公司内部导致某些混乱，或者由此产生的后果很麻烦，更重要的是怕因此导致自己的处境变得危险。究其根本原因，还是为了一己私利。即便当作自己一无所知，也只不过是让发生的问题推迟并且更加恶化，结果只会是在日后酿成更大的悲剧，员工、朋友，还有你自己也遭受更大的灾难。我也曾目睹过因此而得不偿失的几位领导和上班族朋友。其实并不需要任何技巧，在要说的事情恶化之前，一定要诚实地传达，当然有可能会被反驳或抵抗，但是如果不克服这一点，无论什么样的改革都无法展开，也不能建立真正的信赖关系和友情。

对领导来说也是一样，真正重要的坏消息总是迟到，即使一个小小的话题，也总是无法传达到上面。因为对部下来说，他肯定不想把对自己负面、不利的信息传递到自己的顶头上司那里，这也是可以理解的。

　　不传达坏消息的真正理由，是传达方的自我保护，但是最终可能会以更严重的形式"毁灭"自己。

在人际关系的泥潭中拯救我们的人

通常，在组织内的战斗，无论由怎样聪明的人指挥，往往都会在某一个时期陷入势均力敌的状态。这时我们可能是与对方直接开战，虽说对方会损耗很多精力和人力，但我们也会受到很大程度的打击，会进入百呼不应、寸步难行的状态。结果，在权力斗争中不幸失败，自己像被打入冷宫一样无人问津，或是降职，或是被分配到更加不受重视的分公司做一个小职员。

即使在与组织外的敌人的斗争中失败，也一定有人会在组织内部对这件事情负责。在这种情况下，比起真正的战犯，被当作在组织内权力斗争中的失败祭品，才是人类社会的现实，也是人类社会的悲哀。

如果挑战别人，硬碰硬地和别人比胜负，多半会吃败仗。实际上，在经历失败时最受打击的是，昨天还属于我们阵营的人在这个时候会马上抛下你，头也不回地投靠对方。他们不想遭受失败，想逃避责任，被许多事情影响而选择见风使舵，同时开始针对你，这才是人际关系中最糟糕的情况。

在这种情况下，还是有人能拯救你的。当你感觉被抛弃，感觉世界上99%的人都像自己的敌人时，请你一定要清醒地认识到：至少仍然有1%的人依然会站在你身边，理解并信任你，义无反顾地站在看似不堪一击的你身边。人在遇到真正的困难与挫折时，脆弱的内心都是被这样的人拯救，然后实现重生的。

是的，在人际关系的泥潭里你还有生存下去的最强救生索——家庭和值得信任的工作伙伴。身边一定要拥有这样的人，这才是最重要的。

所以，作为成功者并且已经是著名企业的领导或管理者的你，在某一件事情上发生失误，成为所有人的公敌或是罪人的时候，你的爱人、家人、朋友和同事中，有多少人依然能够和你站在一起？这个问题平时认真考虑一下比较好。要让自己清醒地知道，谁是能够在你被许多人抛弃的时候，依然选择留在你身边，理解、相信并支持你的那个人。

第四章

要有舍弃的决心

错误的拯救方式会缩短公司的寿命

从这一章开始，我想以组织中的领导者或者以成为领导者为目标的那些人所关注的逆变力为主要内容，进行简单的叙述与讲解。我在之前的章节里反复讲述的都是在公司改革的最终阶段里，公司领导无法找到更有效的办法时才会被迫选择战略性放弃的相关内容。因此，在战略性放弃后会产生的连带问题都会被归于做出这个决策的领导。也正因为这样，做出决策本身才是最困难的事，何况多数企业都由不擅长放弃的人担任领导。

首先，在一般情况下，预备干部的选拔是在优等生中进行的。以日本村落为例，在这样的社会型的组织中，干部大多是一旦掌握了权力就会实行激烈的改革、迅速排除混乱的危险人才。而在公司里，最高层当数董事会，基本上由各部门的代表组成，换句话说，他们所开的会议可以被称作部族长会议。为了不让各方利益受到侵害，大部分领导都致力于保证彼此之间互不侵犯，并且经常调整各部分之间的利害关系。

从结果来看，陷入危机的公司不想放弃，为了获得喘息的机会而选择疲于奔命的不在少数。如果"续命"措施有效的话，暂且可以先喘口气，相反，如果采取了一些并不适合自己公司的措施，反而会产生副作用，从而缩短公司寿命。

比较典型的是日本航空，由于"9·11"事件，世界航空业整体陷入低迷，日本航空也受到了很大的打击。本来在这个时期公司应该彻底改革，下定决心，把人、飞行器材、路线三位一体地缩小规模，虽然在这个过程中，会与当时的工会发生一些摩擦并且与地方自治团体发生激烈冲突，但这是一场决定公司生死存亡的战斗，就应该选择大刀阔斧地改革。如果当时的经营者有放弃的觉悟，日本航空就不会在十年后破产了，虽然实行这项政策也会同时伴随很大的牺牲，但这牺牲与现在付出或者从现在开始要付出的代价相比，应该是不值一提的。

当时的监督官厅也不能做到放弃，反而采取增加预算以及与其他公司合并这样的措施，想利用日本航空系统的合并来扩大规模，从而延续公司的寿命。但实际上，日本航空并没有通过合并形成规模上的优势，而且相关问题一直没有解决，反而是组织膨胀、经营过程更加复杂化，导致经营状况越来越差。在那以后不停遭受的"SARS"骚动、"雷曼事件"和"新型流感"的冲击，让日本航空具备了公司再生法的申请条件。

泡沫经济崩溃以后，在弱化的日本企业中，想通过合并而延续公司寿命的情况不在少数。通过合并，公司规模会变大，如果能发挥合并双方的优势就可以持续生存下去，但是往往很多公司在合并后都没有产生很好的化学反应，双方的经营状况并不乐观，所以会经常看到许多解除合并合同的新闻。结果，很多的合并只是将公司现有的问题搁置并推迟解决。

公司高层特别害怕找出"病源"或选择战略性的放弃，

通常都会不加考虑地选择让公司合并。虽说公司通过合并在
规模上具备了一定的优势，但随之而来的是重复的设备和人
员，导致公司出现两到三个人做一份工作的荒谬情况。想要
改变这种状况，就必须要裁员、削减经费。可在组织功能和
设备以及人事管理方面，两个公司的意见又不能达成一致，
并会因此产生更多的矛盾，这就是一个没有"放弃"决心与
觉悟的管理者去领导一个合并公司的悲剧。这种在经营方面
的战略性放弃确实是非常困难的，尤其是不知道挫折的在顺
境中成长起来的经营者，他们会对这种战略产生非常大的抵
触，但是穷途末路的公司领导需要的是减法思维。说起经
营，也有人会经常致力于新的尝试，也就是加法思维，这
当然也有必要的时候，但在陷入困难时，还是"减法"更
有效。

　　举例来说，佳丽宝公司的伊藤素二会长提出过一种说
法，叫"五角形经营法"。佳丽宝是一家靠纤维业发展起来
的公司，不久，在原有业务的基础上又增加了化妆品和食品
等部门。其多元化的思路，就是在模仿五角形的形状。这正

是从加法思维中产生的，当佳丽宝的经营状况良好的时候，它发挥了巨大作用。佳丽宝的问题是，在经营状况达到顶峰后，就应该把公司转换为做"减法"的经营模式，特别需要马上进行战略考量的是纤维部门，因为纤维部门的赤字状态一直持续，所以必须考虑尽早放弃这项业务，及时止损，但是佳丽宝没有这样做。因此，它不得不接受产业再生机构的支援。

在进行收购和多元化经营的过程中，公司并不会突然倒闭。在社会上风潮正热的时候，其中有一些公司还是能够成功的：它们既能吸收现有事业成熟的人员，又能顺利接手成熟的市场。但是如果这样，经营也会变得散漫。这是一个弱肉强食的领域，随时随地都会出现认真准备、拼命三郎式的挑战者，我们的对手通常会选择在我们最虚弱的时候出其不意地攻击我们最薄弱的环节，因此战斗状况会变得很不利。结果在出现问题的时候，散漫作风也很难一下改变，随着时间的推移，危害会变得越来越大。这个时候也因为出手时间太晚，已经无法做"减法"，不久就会体会到破产的痛苦。

所谓的"减法"就是撤退战，将这个领域的市场交给竞争对手，进而伴随着员工利益的牺牲。因为无法得到任何东西，也就很难维持员工的士气，即使在面对敌人压倒性的攻击状况下，员工通常也会难以接受自己利益的牺牲。所以，决定做出撤退决策的领导人在公司内部一定会招致很多人的非议。更加严重的情况是，他会被某些经济杂志等公司外的舆论所抨击。即便如此，如果真正为组织着想，为员工的幸福着想，领导人就必须选择战略性放弃。

通过企业再生，我与众多破产企业的领导有了很深的接触。我发现他们当中的大部分人都明确掌握了自己公司所存在的问题，但因为他们当中的很多都是老好人，即使知道公司的问题所在，但考虑到人情世故，以及做出某项决策后会给一部分员工带来的利益牺牲等因素，也就选择把战略性放弃的决定放到了一边。

如果把眼光放得长远一些，十年至二十年时间里，对于很多员工来说，他们是更希望要眼前的利益还是长远的利益呢？究竟哪一种决策才能不破坏他们的家庭？有这种预想力的话，作为领导人自然能够做出决定。在今后不稳定的时代背景下经营公司，虽然会面临很多严峻的局面，但也能提供更好的工作机会。因此，在紧急时候没有"放弃"这种觉悟的人，是肯定不能胜任领导一职的。

拥有放弃的思想觉悟，才是作为领导人必须具备的一项技能。

面对危险，有备无患

　　企业选择战略性撤退的最好例子应该是美国的英特尔公司。英特尔公司在1980年前后受到日本半导体存储器（DRAM）的强烈冲击，决定撤出这个市场，转而把资源全部投入到CPU的业务上。结果有目共睹，他们取得了空前绝后的成功。当英特尔决定从存储器项目上撤资的时候，公司内部反对的声音一定相当强烈。但当时的领导人不顾所有人的反对，顶着与所有人为敌的巨大压力坚决执行了这个决策，从而取得了巨大的成功。

　　在那之后，在微处理器的选择上——英特尔当时有RISC芯片和传统的CISC芯片，是两种一起发展还是选择一项而放弃另一项的决策上面——也采取了战略性放弃RISC这一果断的决策。正如当时英特尔的首席执行官安迪·格鲁夫（也是我留学斯坦福大学商务学校时的老师）所言，无论选择哪一项，都决定着公司以后的生死。即使现在回想起来，也能感到当时这种决断的可歌可泣。正是因为这种战略性放弃的经营策略，他成为家喻户晓的成功经营者。安迪·格鲁夫是一个犹太人，曾受到纳粹的残酷迫害，从故乡匈牙利逃去美国。在商场上他有很多跌宕起伏的经历，但对于他而言，这只是由一个战场转移到另一个战场。他所遭受过的挫折就像一部电视剧，但这也正是逆变力的摇篮。

如果举出这样的例子，马上就会有人站出来说："美国和日本不一样。"但是硅谷的资本主义是极为人本主义的，并且人际关系非常融洽。硅谷不只是一个单纯的设备产业，还是一个由知识密集型的产业群构成的产业区。在这个地区，认为人类只是简单的工具和劳动力的人绝对不懂得管理。正如彼得·德鲁克所说的那样，在这个地区工作的人们，都是头脑中拥有生产手段的知识型人才和技能型人才。因此，如果不懂得尊重他们的话，企业的经营将寸步难行。

　　在这样的重建过程中，如果发现了危机的苗头，做出战略性放弃的决策是非常重要的，但这也正是最困难的。如果等到公司真的面临破产的时候，领导无论什么决定都可以做，部下无论什么要求也都能接受，但为时已晚。当一切都已成为定局，即便悔不当初却也为时已晚。因此，在适当的时刻选择做出战略性放弃的决策，才可以把组织的损失以及所有员工的损失降到最小。

　　在组织内部已经发生"癌变"的状态下，即使选择放弃，这时候的改革或再生手段付出的代价其实也很大。虽然强制性地给员工降薪或者选择裁员，一定会让公司有很大的损失，但是如果让这种危机一直持续到破产前，损失将会更大。因此，如果提前着手，就很少会出现大范围的裁员和降薪，这时候的改革最好以保护大多数员工生活的方式来推行。

　　虽说如此，因为这时候组织本身还是很健康的状态，如果进行改革，内部抵抗势力也会非常强大。如果改革产生的痛苦和不安导致组织产生动摇的话，抵抗势力也可能会认为已经能够夺取实权，从而有很大可能先发制人，主动攻击。与此同时，之前选择旁观的人也会很容易成为抵抗势力。旁观者中的很多人之所以选择置身事外，更加倾向于保守，是因为他们还没有察觉到公司即将面临的危机。他们会有"明明没有那么严重，为什么要削减成本，为什么要裁员"这样的想法，一旦感觉到改革也许会威胁到切身利益，就会对改革感到反感，不由自主地在精神上支持公司内部的抵抗势力，因此也将导致改革派处于劣势。

这样的斗争也很容易演变为公司内部的争权战。如果是大企业，公司内的反对势力会利用媒体舆论的影响，以改革派为目标散布一些蒙蔽社会的烟幕弹。当然，他们只会在周刊杂志上登载一些奇怪的文章。不管写什么，怎么写，都不会对自己有特别大的影响。

此时领导只需下定决心，在这种抵抗势力放弃之前绝对不能改变自己的战略，只要对方不投降，就要持续地打击对方，坚决不能犹豫。哪怕花几十年的时间，也要让人最后认同你。犹豫不决只能让一切都陷入泥潭，让不幸的人增加，让不幸的时间拖得更长。

一般来说，如果改革势力的人数占20%的话，抵抗势力的人数也有20%，剩下60%的人都是旁观者。取得胜利的关键是改革能吸引60%的旁观者里的多少，这就是之前所说的跷跷板原理，他们在一定数量上倾向于改革派的话，胜利的一方就一定会是改革派。

具体的方法在之前的章节中叙述过，在这里还是要再强调一下，战略性放弃的觉悟非常重要。不管怎么说，在组织还拥有很多财力、物力的时候，做出战略性放弃的决策是很重要的，同时因为还无法判断组织产生哪个方面的"病变"，所以那时候遭遇的抵抗也会很厉害。因此，在改革之前要有这样的觉悟和战胜抵抗势力的技巧，这才是最重要的。

如果选择提前解决，把问题扼杀在萌芽阶段，就要做好抵抗势力不容小觑的心理准备。

放弃的觉悟

敬天爱人是西乡隆盛所推崇的名言。戊辰战争取得胜利以后，对于那些在维新革命中和西乡隆盛一起战斗过、立下过汗马功劳的功勋元老的处理，让西乡隆盛陷入了艰难的情感纠葛之中。人是情感动物，很少有人可以做到大义灭亲，更何况西乡隆盛是一个非常重感情的人，而重感情的人最不擅长的就是放弃。那么，西乡隆盛是如何面对这个矛盾的呢？

在战备时的大改革中，最难处理的是那些权益阶层里的抵抗势力。如果将他们视为敌人或对手，军队可以毫不费力地除掉他们，但如果这些人之中有自己曾经的前辈、同事、好朋友或者战友，大多数的将领就会被情感所束缚，不自觉地放松改革政策。因此，在改革的第一阶段完成后，首先要做的就是必须抛弃那些在战斗中的有功之臣。谁都不想看到昨天还是在一个战壕里出生入死的兄弟，今天却成为改革的抵抗势力，并且这些改革道路上的"障碍"还是最了解你的人，这才是最可怕的。比较典型的案例就是在戊辰战争以后，包括西乡隆盛在内的将领和一般武士之间的关系变化。

在明治维新中，日本进行了军制改革。当时主要的舆论总体来说有两种：第一种是有人提议在传统士族的基础上重组军队；第二种是提倡全民皆兵，农民也可以参军立功。前者是西乡隆盛的主张，后者是大村益次郎的主张。

其实戊辰战争本质上就是士族之间的斗争，最后由胜利的一方，萨摩士族和长州士族取代了之前掌权的德川士族，直白一些讲，实际上是萨摩士族和长州士族强行夺取了德川士族的权益。萨摩士族和长州士族是西乡隆盛从幕府末期到明治维新的合作伙伴，曾保护过西乡的生命，也曾经在战场上与他同生共死，他们是西乡在面临生命危险的时候可以把后背交给对方的人。

　　如果西乡能从理性客观的角度来考虑，应该能明白大村的主张才是正确的。但如果这样做，士族阶级就失去了存在的意义。重情感的西乡不忍舍弃新权益层的萨摩和长州的士族，所以还是主张不废除士族阶级，只在士族内部进行军制改革，这导致了全民皆兵的提议被否决。西乡虽然经历了很多的挫折，也在战场上浴血奋战过，但却始终无法拥有作为一个领导者该有的放弃的精神觉悟。

　　也许在分歧产生的时候，西乡已经做好了离去的准备。西乡是一个非常无私的人，为了维护自己的同伴们，也就是维护士族们的权益，他自己本身最终也被明治政府视为敌对势力。在那之后的不久，西乡败给了"征韩论"，也因此把自己的生命完全地贡献给了士族——他回到了鹿儿岛，最后与反对明治政府的士族们一起，在后来的西南战争中遗憾地死去。

　　西乡的重情姿态，无论是谁，都会为之感动，但是能够彻底贯彻决策的人才是一个合格的改革领导者。仅仅以领导的立场来考虑，西乡作为改革时的领导人是有一定的局限性的。从年轻时就是西乡的盟友的大久保利通比谁都了解西乡，他知道，如果不能将改革贯彻到底，那西乡就一定会变成最强有力的抵抗势力。因此，大久保利通从早期开始就布好局，将西乡的势力从新政府中一步一步地剔除了出去。

作为当权者，如果只考虑人情，那么自己最终也会和那些被舍弃的人一起被舍弃。因此，对此一定要有应对之策。

她重要还是工作重要？

当一个人成为领导后，面临第一次重要的决策时，一般很难进行冷静的判断。怎样做才能冷静地做出取舍选择？从这节开始，我想讲一些关于练就这种本领的方法。首先要说的还是年轻人的挫折经验非常重要，假设一个项目到了不得不放弃的时候，我们需要逼着自己打破一直以来的固有观念，尝试着突破自己，强制更改自己一直以来的固有的思维模式。或者积极地把自己放在抉择的十字路口，时刻让自己突破极限，这是一种很好的锻炼自己的方式。

年轻的时候，最常见的压力来自是要去工作还是去陪女朋友。在现在的日本，只要不是体力和智力特别优秀的人，工作和女朋友都完美地拥有基本是不可能实现的，只能适时牺牲掉其中的一方。这样的情况下，大部分人都是两边都顾不过来。"鱼与熊掌不可兼得"，那就请从这一刻开始，试着做出选择吧。

如果现在是刚刚开始交往的热恋时期，干脆放一放手头的工作。比如，下班尽量早点回去，晚上的同事聚餐尽量拒绝。这样的话，就要在下班之前努力完成工作，所以你会很自然地去想怎样能提高工作效率。通过思考，会明白哪些事情是必须完成的，哪些是可做可不做的，进而做出取舍。此外，也可以设置一定的期限，在规定的期限内完成这个项目，然后让女朋友等待这个项目结束。

我自己在决定去大阪手机公司的时候，选择了把妻子留在东京，自己单身赴任，这样能在有限的时间里认真考虑如何与家人增进感情。我取消了每个周末固定的高尔夫活动，尽量早点回家，工作也尽量有先后顺序，能舍弃的就舍弃。我在斯坦福留学时代技术水平很高并且非常痴迷的高尔夫运动，就是在那个时候完全被放弃了。

　　选择了一项，另一项就只能退让。退让是会有压力的，但这种程度的压力并不会有什么问题。在当今的日本，即使你选择和女朋友谈恋爱把工作放在后面也不会有什么太严重的后果。如果工作出错，最多也就是被降职或被解雇，而不会被上司索命。再说，很多过错完全可以用业绩来将功补过。相反，如果你舍弃了和女朋友一起的时间而选择工作，就要面对两种结局，要么被甩，要么对方和你赌气，不会有危及生命那么严重，也不会陷入绝望。如果真的有缘的话，对方也会和你继续交往，这样就好了。

　　对于这样的取舍，简单来说就是要适时地放弃某一项。如果不愿取舍，无论是工作还是女朋友，你想两者同时都得到——越是在顺境中成长起来的人越容易做出这样的选择，越是在学生时代有成功体验的人，越会用这样的思维方式考虑问题——那么结果往往是两头落了空。虽然他本人是鱼与熊掌都想兼得，但对方却不这么认为。上司对他的印象变得不好，他在女朋友那里也会渐渐不受欢迎。

　　不能适时舍弃的人，如果在公司身居重要职位，当公司面临一些紧要事件的时候他将很容易陷入危机。实际上，很多位高权重者被卷入各种丑闻中的一部分原因就是不会舍弃。只因无法抵抗那些权力附带的诱惑，诸如"住豪宅""成为名人"等等，想把所有的东西同时收入囊中，最后却因此失去所有而得不偿失。

在日本，如果同时得到这些，一定会有一股看不见的强大力量来将你抹杀。即使在欧美，很多当权者也会因大众和竞争对手的嫉妒而被抹杀。莎士比亚作品里的悲剧结局几乎都是男人间的互相嫉妒而导致的。

所谓自由，有时是失去所有的东西的代名词

很多时候，人们可以选择放弃当时所执着的东西，用重新获得自由的双手抓住新的机会，从而得到各种各样的新的体验。人们会渐渐喜欢上这样做的刺激和新鲜感，一次次地经历，人生就变得更加有趣起来。

我们经常会被过去的事情束缚，因为过于拘泥于成功的经验而无法踏出新的一步，或是把更多的时间浪费在许多没有意义的事情上，而那些真正有意义的事情却被我们冷落在某个角落。这些有意义的事情真的能通过经历挫折去感受，从另一个角度来看，挫折就是我们陷入了不得不放弃某样东西的境地。我在企业再生的职场，有过很多次这样的切身感受。

除去自己公司的经营危机，我作为专业人士第一次亲自接手的大型再生项目是日本长期信用银行旗下的日本租赁公司，其负债总额高达三兆三千亿日元，在当时是最高纪录。再生项目与普通咨询最大的不同点在于仅仅提出建议是行不通的，还必须在极短的时间内决定公司的走向。随着时间的慢慢推移，公司的资产价值也会越来越低，因而再生的速度在这个时候就显得非常重要。

公司内虽说也会有很多保守派反对，但颇为意外的是员工的心态转变得都很快。这大概是因为从某种意义上讲，大家已经认识到必须要完全否定之前的判断，不做改变就无法生存下去了。这也在另一个方面说明，遭受过挫折的公司的内部或公司的员工，在心态转变的方面要完全优于常人。

另外需要注意的是保护人才。公司经营不善，往往需要削减经费、精简部门，在这种情况下，优秀的人很容易辞职。因为大部分的再生项目中，都是公司的最高层领导的问题导致公司进入困境，所以在一线依然有很多优秀的人才。如何维系住这些人才，在企业再生中尤为重要。

　　此时，我们要经常对员工们说"现在努力，一定能找到给我们高评价的赞助商，我们的生活将变得更好"，或者"赞助商所能提供给我们的是今后事业扩展的平台，所以希望大家加油"之类的话。一定要尽力让员工们理解你们双方所付出的东西。实际上，这也是公司重建道路上重要的一部分，员工们在新股东手下做事，才能让公司得以继续运转。多数日本人持"不想让公司变得支离破碎"的想法，他们不能接受自己团队的成员一个接一个地走掉，所以大都尽力让现在的公司能继续维持。通过自己努力工作，得到赞助商的赞助才是最重要的，明白了这些，就一定能留住人才。

　　企业再生时，往往所有的目光都会朝向资产和债券，不过我始终认为人才才是最重要的。当时日本租赁公司的很多员工因为这个巨大变动反而扩展了人生的可能性。其中有几个非常关键的人物，在我就任产业再生机构首席运营官的时候，还拿到了高薪，并且有人还参加了后来的经营共创基盘株式会社。

　　当你在失败中一蹶不振，以为失去所有的时候，请偶尔抬头仰望天空，你还能看到白色的云彩，这时候请你决定是否要越过云层，开始为登顶而努力地攀登。

　　有一位登顶的人，是在产业再生机构和我一起工作的原日本租赁公司的松本润先生，他从机构时代到后来的经营共创基盘，一直致力于重建地方的巴士公司，并取得了有目共睹的成绩。为人口减少和高龄化而苦恼的地方巴士公司，乍一看也许是一个没有未来和希望的行业，但实际上并非如此。往往只有遭受过巨大挫折的人们，才可以看到天空最高处的云彩。松本先生有远见的地方就是能让人在公司破产之后看到自由的希望，我觉得这也离不开他自己的体验。

　　不管怎样，试着站在经历挫折后不得不放弃些什么的立场上，你才能感受到自由，并且从其中看到希望。不懂舍弃的人要明白，只有放弃现在，获得自由，燃起新的希望，才能放下对挫折的恐惧。比起财富和地位，放弃有时候才是你努力前进的动力。认识到这一点的领导，即使在严峻的情况下，不，越是严峻的状况，越是有着让伙伴和组织鼓起勇气的力量。

　　所谓自由，有时是失去所有的东西的代名词。

以前的日本真的很好吗?

　　喜欢一成不变或者不能舍弃一成不变的人通常都有着相同的口头禅——那时候真是太好了。如果你发觉自己不知不觉中开始说"那个时候……"或者"以前是……"之类的话的时候，就应该注意，你的应变能力可能已经开始退化了。为了改变这种状况，你需要试着改变一些想法，比如你自己可以去重新思考并质疑，以前真的很好吗?

　　最近经常有人提起这样的话头，诸如"还是按资排辈是正确的"或者"终身雇佣才是最好的"之类的，新自由主义的盎格鲁-撒克逊模式的市场经济神话的副作用就是当年的雷曼冲击。但是希望你好好考虑一下，大多数大型企业的员工确实被公司强有力的经济背景所保护，生活得舒适安稳，但无论是以前还是现在，占据市场经济80%的中小企业并不是传统意义上的终身雇佣制企业，员工被公司解雇的情况时有发生。原本公司在没有正当理由的情况下不能解雇员工，但是维权都需要法律援助，然而在现实中有多少人会诉诸法律？当然如果某个行业有意识性很强的工会的话可以另当别论，但在大多数的中小企业中，工会也没有任何实权。也就是说，对于大部分在中小企业工作的人来说，雇佣环境原本就不是稳定的。

实际上，中小企业的员工平均工作年限在十年左右，这在经济高度发展期也没有任何变化，同时转职率也非常高。而且全日本的员工中约有七成的人在中小企业工作，这意味着只有三成的人能够得到大型企业的恩惠。更进一步来说，曾经所谓的日本主义，从一开始就有从这种系统中被排除的人，最典型的是女性工作者。日本虽然一直倡导男女平等，主张公民权利，但日本女性并没有被传统的雇佣保障所保护。

通过这些就能明白"以前很好"的想法是片面的。特别是那些经历过泡沫经济的人，他们更会经常说"那个时候……"和"以前……"这样的话，但那个时代明显是异于平常的。在那之后的日本因经济的长期不景气而苦恼，再加上当时存在圈地、土地乱开发等很多问题，那些人对这些问题视而不见，只怀念当时赚钱的时候，可想而知他们的目光有多么狭隘。追溯到更久以前，日本的确是一个非常美丽的田园国家，但那个时代所存在的阶级歧视、贫困、病苦等种种问题又是多么严重呀！说这种话的人，好好研究一下日本的历史就好了。如果真的是那样美好，我的祖父母也没有必要为了家族的生计而拼了性命选择移民。

追忆曾经那些"美好"的人，大概是出生于上流阶级或者是那些故作清高的知识分子。人类有着为了使自己拥有想要的东西完全可以不择手段去达成自己目的的本性，但是一些现实主义的知识分子和在顺境中成长起来的人们，当他们在国内和海外都找不到普遍的"正确答案"时，就不考虑任何历史背景，而是不假思索地坐在"时间机器"上说："以前那时候真的太好了。"

还有那些经常把"现在的年轻人……"之类的话挂在嘴边的人也是一样的。科学研究表明，同一基因的下一代人，智商等各个方面不可能比上一代差，据说在埃及的古代遗迹也有记述类似意思的文字。

拥有比上一代人更加优秀的基因，再加上后天的环境因素，做父母一代的我们如果还是会经常说"现在的年轻人……"这样的话，其实也就等于变相在说现在的自己已经不如年轻人了。不管怎样，如果不自觉地说出这种话，某种程度上就意味着这个人的大脑已经有老化的迹象。如果在你的周围出现了这样的人，请一定选择通过某种方式委婉地告诉他这一点，或是想尽一切办法把他从领导的宝座上拉下来。如果你自己不自觉地说出这种话，那就代表着你的精神意识已经开始老化。

时代只能前进，不要置身于回忆，我们只能放下过去，面朝未来。

金钱是"舍弃"路上最大的障碍

前几章讲过，无论在什么情况下，遭受挫折的时候最重要也是最基本的就是拥有自食其力的能力，更积极地说，就是能够让自己更主动地参与到与挫折的斗争中。作为一名合格的领导，你所需要掌握的最基本的一项技能就是在危急关头让"放弃"成为自己的核心能力。

从责任的角度出发，当你做出需要放弃某些事物这种重大决策时，自己的收入会减少很多，甚至变为零，结果因为自己而连累家人无法正常地生活。作为一个普通人，最低限度或者说最基本的义务应该是能够养得起自己的家人。因此，在遭遇突发事件的时候，为了不让自己变得迟钝，你要时刻清楚自己和家人最低限度的生活标准，这是十分重要的。

首先，需要拥有处理突发事件的能力，当发生某些紧急情况时，你能够轻松搞定它。在如今这个瞬息万变的时代，如果你拥有这种能力，就可以保证你在未来十年左右的生活中不会产生太多的困扰。如果有足够的运气，也许能够在某个领域找到自己存在的价值，能无限发挥你的才能，然后用它来保证自己的一生衣食无忧。这个时候，不要计较收入的多少，所谓的最低限度生活标准是一种非常抽象的表达，这是因人而异的。想提高自己的生活水平是人之常情，人们总想着多赚一点，或者比跟自己同期入社的竞争对手们做得更好、赚得更多。

这种对金钱的执着，也很容易成为放弃时的束缚，会产生"再挣一点之后再放弃吧"或"做完这个项目再说吧"之类的想法，再过一段时间以后，还会这样想，反反复复，不经意间，就步入了中年人的行列。如果一直被眼前的收入所束缚，就不会有日后更加辉煌的人生。所以，请放下对赚钱的执着，尝试着做出人生中的第一次放弃。踏出第一步以后，你一身轻松地到处走走看看，增长了见识就能增加赚钱的机会。

以我个人的经验来讲，在我三十岁"逃离"东京的时候，估计当时的工资比起很多东京大学毕业生的或者去大型金融机构的人的要低很多，更不要说与在外资的大型咨询公司和投资银行工作的人的工资相比了。我当时工作的公司是规模非常小的独立系统的咨询公司，而且不是终身雇佣。即便如此，我依然觉得这是一个能够让我掌握很多技能的公司，至少每天的生活是充实的。更进一步说，正是因为工资少，从这个公司跳槽到其他公司也变成非常简单的一件事，因此，对我来说，工资低也可以说是自由的一个条件吧。

在人的一生当中，取舍选择很重要。当你做了选择之后，最好不要轻易改变。也许会后悔，甚至觉得这根本不是我想选择的路，尽管如此，还是要继续走下去。不努力尝试一下，谁也不知道前面的道路究竟是怎么样的。

努力做一件事的时候，一年也好，两年也罢，一定要设置一个期限，不到这个期限绝不放弃。你想知道自己适不适合某个工作或是某个行业，至少需要三年的时间。虽然一开始也许会觉得不合适，但在持续坚持下来的过程中，也有很多人会有意外的收获，这也就是我们常说的"精诚所至，金石为开"。

你不能在追寻幸福的过程中轻易地选择半途而废，因为觉得现在的工作不合适就马上去换别的工作，然后对新的工作仍然不能接受，再去寻求另外的工作，总是很主观地认为别的地方一定有适合自己的工作。这样，你会渐渐把跳槽当成一种习惯，从而不能在一个工作单位学到最重要的技能和经验。身无一技之长，你的人生选项就会变得越来越少。

应该注意的是，喜不喜欢和适不适合是完全不同的两回事。虽然喜欢，但没有这方面的任何才华；虽然讨厌，但非常擅长。当然最好的情况是既喜欢也适合这个行业或工作，但现实中很少遇到这样的情况，大家很难像一流的棒球选手那样幸福。大多数人出于种种原因都没办法做自己喜欢的事情，即使是不喜欢的事情，如果能在这份工作中发挥出自己的才能，挖掘到自己的潜力，慢慢开始真正重视这份工作，也可以实现自身的价值。再说，自己究竟适不适合还是喜不喜欢，不尝试一下的话根本就不会知道。即使是不太喜欢，如果有去做它的意义，并且能发挥自己的潜能，最好还是坚持下去。

另外，如果对某份工作已经到了很讨厌的程度，经过一段时间以后，逐渐沉迷于此也是可能的。在拼命努力的过程中，你会从心底感到喜悦，这样就有将这份工作转换成你的终身职业的可能性。企业家们的经历暂且不说，那些在各个领域很有成就的学者也都有这样的经历。大部分的职业都是需要人们认认真真地做一次，才能够知道自己究竟适不适合这份工作，也才能最终明白自己到底是喜欢还是讨厌这份工作。

就我而言，最初认为"精诚所至，金石为开"存在于高尚的司法世界，因此才为了司法考试而开始学习。法律对我来讲是很有趣的，但是我在学习的过程中，对律师工作的热情并没有提高。尽管如此，我还是连续三年参加了司法考试。

虽然最终考试合格了，但感觉自己很难真正地投入进去，所以决定开辟新路。此后，入职咨询公司，开始创业，然后去国外商校留学，再到经营危机和新事业创业的中层管理者时代，从二十岁到三十多岁，我一直坚守着"精诚所至，金石为开"的信条。

因此，那时候我并没有什么积蓄，也几乎放弃了所有的兴趣爱好，我也因此度过了一段颇为艰难的时期。在此之后，通过之前多年间积累的经验，我摸索出了一套闯荡社会的思维模式：如果一份工作无法带给你激情、无法让你继续突破自己，那你即使在短期内做出了很好的工作业绩，或者即使已经坚持工作了了三年以上，最终对你后期的人生规划也是非常不利的。时代在快速变迁，我们不能停滞不前。因此，我还是希望你能果断地停下脚步，趁年轻多多充实自己。选择一份适合自己的工作能让你持续突破自己，毕竟，你的资本就是你还年轻，而也只有在年轻的时候，你才会有这种魄力。

如果连续挑战三个不同的三年，大学毕业后马上开始的话，过了三十岁就会拥有丰富的经验。虽然这看上去也许会给人一种工作不稳定、略显飘忽的感觉，但你却更加能认清自己的长处与短处，这些经历终将成为你今后的财富。因为这毕竟是年轻的时期，是可以对自己以外不负过多责任的时期。

为了寻找自己的核心技能，如果有机会的话，从二十岁到三十岁的这段时间里，根据自己的实际情况不断地尝试各种各样的挑战是最好的。升入大学是增加选择机会的决断之一，资格考试也是如此。随着大学的升学和资格证的考取，人生的可能性也会随之扩大，人生的选择余地也会增加。在这个人生阶段里，时间和金钱都是为了锻炼自己所必须付出的，如果是为了自我投资，最好不要犹豫不决。

有些人会在年轻的时候表现得非常慎重，他们会调查年收入和企业年金的整体情况，努力做好自己的人生设计。每个人都是不一样的个体，有这样的人也是很正常的。但在三十年前，这种人所选择入职的公司都是属于非常具有就业吸引力的航空公司或金融机构，几年以后却会面临重组的困境。关于这些教训，年轻人最好铭记在心。

二十岁到三十岁的人生阶段是锻炼自己最好的时机，此阶段不要吝啬时间和金钱。

三十岁要开始懂得取舍

现实人生中，从三十岁左右开始，选择将会变得越来越难，因为你周边的生活环境已经完全不允许你有太多太随意的选择了。人并不是万能的，不能同时去做很多事情，除非是像文艺复兴时期的达·芬奇那样的极少数的天才。

到了三十岁的时候，大部分人会因为不懂得放弃而陷入停滞不前的状态。即使自己本人没有察觉，周围的人也能看得一清二楚。在美国的体育运动员中，有很多人既能打棒球和篮球，也能打橄榄球，拥有多种技能的实力选手并不在少数，他们在大学毕业以后也只能选择其中一种作为自己的职业。比如，不放弃打篮球就不能真正投身于棒球比赛，所以，只有通过舍弃成为优秀篮球运动员的可能，才能变成一流的棒球运动员。

体育运动员的分界点通常是二十岁左右，但对普通人来说，三十岁才是人生的分界点。到了这个时期，大家越来越能意识到舍弃的重要性，因为在此之前所有人都会一直面临不同的选择。舍弃之初一定是非常困难的，但你一定要在这个时刻下定决心，选择性地放弃是成全自己最好的方式。例如，从超一流的企业离开，选择顶级商务学校取得MBA学位。从为别人打工转为自主创业，最好的年纪是在三十岁左右，这时你既积累到了一定的社会经验，也充分了解了自己所在的行业。而如果想在一流企业获得出人头地的机会并成为业界大佬，所需要的时间通常为二十年左右。所以，在合适的年龄做选择，是人生的重中之重。

很多人都普遍存在对放弃感到恐惧的心理，但是恐惧放弃的人是不会有任何进步的，只会在一成不变的生活里平庸下去。因此，勇敢地迈出第一步，尝试一次放弃，反而会开阔自己的视野，能够看到迄今为止看不到的东西，甚至会觉得能够放弃真的是一次再正确不过的选择了。这与挫折的体验非常相似，挫折是因为遭遇一件事之后被动地失去什么，而放弃是自己主动选择失去一些东西，失去的东西也会被新得到的东西代替。如果知道了这一点，你就可以产生"失去意味着新的开始"的心理，这是那些不懂得放弃的人绝不能达到的境界。

在三十岁左右还是无法选择放弃的人，其中一个原因是他迄今为止一直都是非常成功的，可能作为优等生，从一流的高中和大学毕业，进入一流企业。但是仔细想想，三十岁之前的成功都是有一定限度的。某一个项目签约成功、某一种商品销量暴涨、某一个文案得到公司的青睐等，这些虽说会带来一时的荣誉与金钱，但在很多有经验的成功者眼里，这些都只会被认为是暂时的小成功。

如果人在公司或者某个组织里陷入了这种易于满足的固定思维，那么随之而来的就会是很多意想不到的事。人们都把得到公司内部嘉奖的机会作为最大的目的，一心只想着怎样战胜和自己同一期的竞争对手，而这样的话，公司会逐步陷入固步自封、停滞不前的状态。因此我们需要认识到，到底是公司内部的奖励重要，还是不断地提升自己、为公司创造更大的利益更重要。

请客观地看待自己的工作成果和自己所拥有的头衔、地位，去仔细考虑：那真的是值得你守护的东西吗？在只能拥有一次的人生当中，那真的是非常有价值的东西吗？

在四十二岁的时候，我放弃了当时拥有的社长职位，参与了产业重组机构的创立。虽然当时那只是一家只有八十个员工的公司，但成功度过了经营危机，作为国内唯一的独立型战略咨询公司，有了十分稳固的地位。我自己既是顶级顾问，又是总经理，同时年收入也是与付出相对应的。公司成立以来，和同事一起度过了十五年的奋斗岁月。放弃社长的职位当然会有各种各样的顾虑和羁绊，但我还是坚定地选择了放弃。因为通过过去的经历——放弃成为律师，也放弃好不容易才进入的波士顿咨询公司，我对放弃有了更深一层的理解：放弃某样事物，有时代表着新的开始。另外，我因为这样的体验一直过着朴素的生活，家人对我的经济期待值也越来越低，所以年收入对于我，也没有决定性的障碍。

产业重组机构是会被很多人用怀疑的目光审视的一个组织，媒体和舆论的批评中也表现出这样的思维模式，在政府主导的意义上，政治风险也非常大。那些有过成功经验的民间人士和大部分的名流在那时就已经退缩了。我在当时也是和政府、政治完全无关的人，如果说没有不安那一定是在说谎，但和祖父母移民加拿大时的不安、父亲作为家庭支柱却遭遇公司破产时所感受到的不安，还有自己在原来公司的经营危机和单独赴任时的不安相比，也就没有什么了不起的了。即使进展得不顺利，我也不是没有饭吃，也不可能被夺走生命，因为我本身就是一个生活在市井角落里无足轻重的小人物。何况，我认为放弃了公司领导者的职位对更多人的生活，甚至对整个社会都带来了更加积极的影响，我自己也能够拥有更加有趣和充实的人生。

还是重复以前的话，不要恐惧放弃，通过放弃能够换来更加重要的东西。如果你能明白这一点，能够主动去尝试放

弃，那么这将是面对挫折时最有效的一种手段。不要拘泥于
简单的成功体验。如果不尽早进行学会放弃的训练，将来在
面对更重要的决策局面，需要做出决定性选择的时候，你也
许会做出错误的决定。

第五章
将权力运用自如

如何在工作中更好地运用权力

　　作为"战备时期"的领导的条件，不，"战备"才是领导者所必须面对的情况，成为真正的领导者的最后一个条件就是合理地运用权力。我认为，所谓的领导，合格的掌权者是能给别人带来很多影响的人。

　　想要行使权力的前提是必须把权力掌握在自己手中，无论是公司还是国家，通常权力与地位、出资等种种因素紧密相连。因此，为了获得权力，必须让自己就任其位，或者与这种地位的人产生密切的关系。这种关系可能是钱，可能是父子血缘、师徒恩情，或者是前辈与后辈的关系。有时，信息和知识也很重要。不管怎样，如果不能用各种手段去获得力量，对组织成员产生有效的影响力，并且持续保持这种影响力的话，就不能达到自己的目的。

掌握权力和使用权力一般都会出现交换权限，这在之前也说过，要想在日本式的公司或者组织中出人头地，采用与各种各样的人和各种各样的部门一边做着交易，一边贯彻战略并协调组织各种活动的方式，成功概率比较高，但靠这种方式得到的权力，在过程中也会让人渐渐失去自由。比如，在你身为管理者时突然转变发展路线，打算展现自己领导力的时候，就会受到来自各部门的类似"让你做社长，可没打算让你做这样的事情"或者"你也不想想，托谁的福才能让你有今天"这样的攻击。

暂且先把合理与不合理、好与坏放到一边。如果是股东掌权型的美国企业，因为要得到作为主权者的股东的信任，那么社长就必须努力。而日本的公司由职能持有者主权，其中有最大权限的是正式职员、工薪族，也包括董事，如果有更多倾向于更换社长的意见，那么解雇社长也非常容易。

如果权力的使用方法错了，也会伤害到自己。权力就是一把双刃剑，当你手里握着它的时候，挥舞得越厉害，扑空之后，自己受到致命伤的可能性也就越大。在当权者灭亡的时候，相对于输给对手，自己搞错权力的使用方法而自取灭亡的情况会更多，所以对于权力的使用方法，从年轻的时候开始就进行反复练习是很重要的。以日本民主党的政权为例就可以看出，如果自己不了解权力，就不知道使用权力的真正困难在什么地方，这一点确实是非常棘手的。

在权力的运用方面，不管是什么样的企业，我们要尽可能从最初阶段就站在当权者或者中层领导的立场感受那份辛苦，这是非常重要的。当你还是一名普通职员的时候，就要一直去考虑：如果自己成为科长，要怎样运用各种各样的权限，这件事情应该怎样解决，那件事应该怎么做，如果成为部长甚至是社长呢？常常这样想，就可以对掌权者的职位越高越不自由的这种情况有更深层次的了解。

虽然说了很多次，在这里还是要重复一下，在权力运用中最难也最具意义的是对组织成员和组织内的既得利益者所进行的改革。因此，要熟练掌握权力的使用方法，包括如何夺取权力以及怎样保持权力的方法，这些方法都很有必要仔细地去研究。

　　日本的政治家中和我们周围一定都有很多无法有效运用权力的人，但不要再有"对于聪明的我来说，只要有权就应该这样做"的想法，因为这只是你自己的异想天开。不要活在自己幻想的世界里，你应该去思考：为什么他那样做不行呢，为什么感觉准备得很充分结果却失败了呢？然后，反过来去看那些进展很顺利的案例，研究它们究竟有什么不同。如果是作为小公司的领导或者大公司里那种"一瓶不满半瓶晃"的中层领导，在积累了各种各样成功和失败经验的同时，也要对其中的过程进行仔细的研究和学习，这才是最关键的。得到权力很难，运用权力更难，仔细观察身边能接触到的领导对于权力的运用之法，对你是有很大帮助的。

　　公司的失败，很多都是因为高层管理者，走到破产地步的公司几乎都是从头部开始腐烂的。企业老化与人体衰老是有相似之处的，衰老可以引发很多的病症，企业老化也一样，也会出现种种问题，究其根本，都是因为管理不善。如果公司领导或是管理者能够注意到公司环境的变化，对有问题的地方及时处理和改进，就可以阻止企业形势的恶化，改善公司的不良现状。如果没有这样的意识，不去注意有可能发生的问题或是不采取任何措施，只会使公司陷入更大的困境。

再说一下与管理者对应的员工，在那些破产或徘徊于破产边缘的公司里，员工们也是有很高的技能的，现场的组织能力也很高，如果能很好地管理，可以在很短的时间内使公司起死回生，实现盈利状态，员工本身也希望能在合格的管理者手下工作。如果公司放任不管，无视已经出现的问题，那么头脑的腐败很快就会波及全身，无论再怎么努力都无力回天，无法实现重组或是其他的改变。

在那之前必须要想办法。但重组企业通常都非常缺乏资金，也不会像之前一样很容易从银行得到融资，这样一来，减薪以及裁员就是管理者经常采取的举措，在这个时候，权力的运用方法还是被质疑的。抽象地来比喻，公司内的人就是资产和负债。员工如果技能水平高且组织能力强，就会创造比工资更高的价值，这就是公司所持有的资产，要考虑的就是如何利用其来创造更大的经济效益。相反，如果只能创造出工资以下水准的价值，这样的员工就可以被称为"负债"。即使是公司职员被认为是公司财富，也还是有个别人员不适合被称为"资产"。例如，如果员工只能创造与工资水平相对应的价值，他们也可以被称为"负债"。这样的话需要面对的现实就是相应的减薪，或者是清理产生"负债"的工作人员，也就是所谓的裁员开始进入掌权者的选项。面对这样的处境，顶层经营者也就是最高权力者的孤独变得更加明显，为了公司生存而不得不有选择地让公司重要的"人才"离开。

在船上的100人中，如果只能救80人，那就需要有20人从这艘船上离开，这在经营过程中属于合理的范围，因为最终目的是为了让更多人的生活有保证，从被拯救的80人的立场来看也是正义。但是，那离船的20人中的每个人的人生都只有一次，他们也都有各自的家人，所以，从离船者的角度看，这件事做得百分之一百的不正义。那么，究竟拯救80人、放弃20人这件事到底是不是正义的？这种心理逻辑问题，一百个人就有一百种答案。因此，当这种无法两全的情况在商业经营中出现时，公司高层也只能尽可能地选择保障更多人的利益。

　　哈佛大学迈克尔·圣德教授在他的讲义中也出现了与此一模一样的情境设定。回答没有答案的问题、背负最终责任的是公司的最高领导。普通职员后面是科长，科长后面有部长，部长后面有董事，董事后面有副社长，副社长后面有社长，但是对社长来说谁都无法依靠。当注意到这个事实的时候，所有人应该都会感受到对未知的恐惧和孤独。如果为了躲避这种恐惧和孤独，社长这样的最高管理者选择逃避，此时的公司就会开始"腐烂"了。拥有"日本企业之父"之称的涩泽荣一似乎也说过同样的话，从副社长变成社长的距离比从普通员工变成副社长的距离还要远。

　　如果不了解公司内部的责任划分，无法充分地应对责任带来的压力，那么，即使成为公司的最高责任人，在以后的工作中也一定会在某个节点遇到前所未有的挫折。

成为一个优秀中层领导的方法

　　东丽经营研究所特别顾问佐佐木常夫先生曾说过："现在科长的职位备受瞩目，从公司的工作内容分布来看，科长的工作任务是现场管理，而日本企业的优势正是现场管理。管理的本质是鼓舞人心、寻找方向、协调组织的整体性，科长掌管着最基本的事务，同时也是最重要的工作。"

　　站在个人的立场，科长这个职位通常是职业生涯中第一个领导职位，虽然有相应的权限与权力，但要直接面对最基层的员工，又要接受上级的领导，可以体会到属于中间管理人员的种种感受。现在以中层管理者为主的研修和提高管理能力的书籍有很多，所以在这里，尽可能地不出现与那些书籍重复的内容。

首先，你一定要事先了解中间管理人员的苦衷，即使你是公司的部长或是公司董事也有无法改变的事情，假如你是社长，这样的情况只会更多，也比想象得更加严重。而且社长是手握绝对权力的人，无论做什么事情，都不会再有推卸责任的机会。他是最高领导，没有上司，也不能把错误归咎于自己精心挑选的部下，一切都是自己的责任。而失败的后果也会波及社长以外的很多人，只要是在管理职位上的，职位越高，责任就越重大。

其次，无论是上司还是下属，为了完成自己部门的目标，如果无法将自己的权力很好地运用，就不能完全发挥中间管理职位的职责。在这种意义上，中间管理职位和公司社长的工作在本质上是完全相同的。即使是大企业的社长，每天能够直接接触的一起工作的下属，最多也就是十人左右，除此之外，基本上都是间接管理而已。自己能够给别人带来多大的影响力，取决于你的才智和领导能力。

最后，作为科长最苦恼但也必须思考的事情就是选择，有选择就意味着有放弃。虽说科长并没有制定预算的权力和人事任免权，但科长在一定程度上可以说掌握着很多的资源分配权，很多具体事务都要由他来裁量，不管是对自己的上级还是下属。其他的中间管理职位也都是一样的。

我第一次感觉发挥出管理能力的时候，是在高中时代的班级合唱比赛上。当时我作为班级合唱团的指挥，遇到的问题是怎样让那些对合唱练习完全没有兴趣的同学开始变得有兴趣，怎样可以更好地把大家凑在一起练习。这些问题和工作之后遇到的很多问题实际上都没有本质的区别。比如我在之后的咨询公司中总结项目经理问题的时候，在大阪的手机公司任中层领导的时候，甚至是作为产业再生机构的最高领导人在最高峰期领导41个子公司以及雇佣接近10万人的时候。

能否成为一名出色的中层领导，关键就在于能否以董事长的视角来思考和行动。哪怕自己是科长，甚至只是个普通员工，也要在工作态度上把自己提升到另一个层面，锻炼自己用公司最高领导者的思维和视角进行思考和决策，这种方法对你将来成为一个优秀的领导者有着特别大的帮助。

为什么决策越慢越没有实质进展

如果要简化经营力，那就要在正确的时机下，将决策力和执行力相乘。前者是以经营责任者为核心的经营决策能力，后者是以一线营销和中年中层干部为核心的一线执行能力。通过将这两种能力结合来提高公司整体的经营力是非常理想化的，因为决策力和执行力之间非常容易产生冲突。一方面，如果重视执行力，在执行上的制约条件容易缩小决定的宽泛程度，因为无论如何也要承担执行从现场一直到成型的流程，不能再在决策上花费太多时间。另一方面，如果纯粹追求竞争上的合理性，自上而下地按计划迅速地实行，也容易在实行阶段的一线发生抵抗和混乱，造成不良商品的积压以及其他问题，容易影响顾客信任度。

无论如何，日本企业的执行力是具有优势的。以前日本的工业产品以这个为依托，凭借高质量和低成本的竞争力席卷世界也是事实。但是重视执行的侧面结果是最终决定会与多个部门的很多人产生关联，事前须进行各种各样的相互协调。如果中途某个程序被省略掉，就会有某一些成员站出来说"我从始至终没听过这件事情"来妨碍工作，妨碍别人的人也会认为这是他理所当然的权利。

在我参与重建的公司里，从提案者到董事会，光是决策层就有十个人，仅在形式上的相关人员就超过了一百人。在做出这样的决定后，基本都会顺利而且不会有任何纠葛地付诸实施，但却跟不上市场变化的速度。或是在相互调整的过程中，内容会变得过于保守，在市场竞争力上完全展现不出任何优势，这种案例也不胜枚举。也就是说，在决策这一层面不会有草率或迟钝的人，有的只是迟缓的决定，如果参与决策的人数过多，毫无疑问，决策的质量肯定会下降。

"三个臭皮匠，赛过诸葛亮"，应该解释为每个层级的人都有各自的智慧，应集思广益，争取最好的结果。但如果要集众人之智，抑或是十人，抑或是一百人，听取所有人的方案，集众家之所长，才能"赛过诸葛亮"，这也可以说是古人的智慧。

现在我们面临的是一个不透明、不安定的时代，可以说是一个无法看清前路的暴风雨时代。如果无法在适当的时机准确地做出决断，公司的航船就会可能因为触礁、撞击冰山而沉没。或者因为前景不明，你想等足够多的信息来判断而先在港口待命，等雾气散尽再选择出海，但那个时候广阔的海洋已经被那些具有挑战性的竞争对手垄断。总之，在这种局面下，决策力才具有更大的意义。

美国企业是自上而下的CEO权力集中制，亚洲国家的成长企业大多采用由老板主导的经营模式，从实际情况来说，根据市场动态及时做出决策是最合适的模式。如果这样的时代以数十年为单位持续下去，那么从很多日本企业进化而来的组织结构、组织能力等曾经日本企业席卷世界的优势就会有转变为弱点的危险性。希望你能仔细回想一下，如果公司在项目审批过程中参与决策的人太多，在事先调整方面花费了多少时间？最后决策内容的质量有没有得到显著提高？日本企业如果能削减在这种流程方面的浪费，可以挤出多少时间？如果将这一部分用于本来的生产活动和个人生活，那么工作质量和生活质量也会相应提高。

精简决策人员才是关键。

体验团队精神最应该做的事

那么，大部分无法发挥作用的组织和团队的共同特征是什么呢？以我的经验得出的结论是非常明确的，那就是：团队整体的利益和目标以及团队成员之间的人际关系，还有成员个人的利益和价值观之间，都找不到共同的领域。组织是人类的集合体，活生生的人，只能在这三个共同领域里尽力融合。反过来说，团队领导应该首先着重考虑战略设计、组织设计、物质激励设计以及人选和角色分担这几个方面的协调，将这几个共同区域最大化。

如果缺少第一个，队伍就会向与目的地不符的地方跑去；缺少第二个，团队合作就不能持久；缺少第三个的话，团队里的很多成员就会在个人生活、家庭生活和工作的夹缝中痛苦地挣扎。这样的话，无论你怎么运用权力，队伍都不会很好地磨合、前进，只会加重公司的"病情"。

希望你好好观察一下，在自己的身边也可以，通过媒体了解政府和职业运动队也可以，在构造上不合理的组织和团队，应该都缺少这三个共同点。

形成团队的方法

再重新整理一下谈到这里为止的权力和组织的关键点。

1.即使是领导，能够直接接触共同工作的员工的数量也在一定范围之内。

2.团队或组织中的成员没有一个人是相同的。

3.创建一个小团队，使其朝一个目标努力，发挥最大作用的是领导者的管理能力。

4.当很多人参与决策和交流时，决策往往就会变得迟钝拙劣。

5.要使组织和团队持续发挥作用的话，最低限

度要保证团队整体的利益和团队内部人际关系上的

利益；还有团队间的个人利益之间，必须有一个共

通的领域。

作为领导，为了使自己拥有的权力更加有效地发挥作

用，必须基于这些关键点来很好地设计组织和团队。从某种

意义上说，作为领导人被赋予的权力，应该最大限度地用于

设计这个团队。

至少从这些原则出发，以下内容是非常清楚的。

1. 公司的决策层级多于三个时，信息和方案宗

旨上的传达（尤其是很多负面消息）在速度和准确

度方面都会大大降低。

2. 同一层级拥有决策权的最多允许三人，其他

有表决权的层级控制在三个层级，人数在九人以内。

3. 除了公司董事长之外，在中层管理人员中也

应该配置一位具备领导思维的管理人员。

4.始终检查战略行动、组织的集体个性与个人的激励结构之间的一致程度，并持续致力于调整团队的结构。

把对团队和组织进行多方面的设计作为一种管理的基本理念贯彻到公司的运营当中，在组织里可以产生自上而下的共鸣，保证领导者的权力可以持续作用到公司的经营之中，形成一种完善健全的工作机制。

生活与工作的公私分明

　　如果可以合理地制订团队和组织的各种日程计划，那么，第二步就是操作，下面来说具体的操作方式。当领导者在经营和管理公司的时候，主观思想与客观现实一定要条理分明，能否让所预想的成果在现实的工作中变为现实，经济合理性是管理中的一个指标。如果组织之间发生分歧，想要获胜就必须具有能够说服所有人的理论，因为销售和支出、资产和负债都是冰冷的数据，货币账户也同样是没血没肉没温度。

　　当领导者以直截了当的方式向管理层推进决策时，往往会被很多双眼睛盯紧。无论领导者是否手握指挥权和人事权，公司都不会根据理想的路线去走，也许还会出现与领导者的假设背道而驰的情况。这是因为组成团队最重要的因素是人，人是带有情感的动物，他们的动机非常容易受到影响。多数人都存在两面性，你不了解公司员工各自打着什么算盘，就无法让员工为公司付出更多，公司也无法实现预期的经济目标。因此，对于情感和理性要加以有效的利用，这对于市场形势而言是具有决定性作用的。

每个人的性格和想法都是不一样的，即使每个公司员工都理性行事，其理性本身也取决于每个员工的认知。假设公司以利润的增长率为第一目标，一些工作人员考虑的会是降低原材料的成本，一些工作人员给出的方案是增加商品的附加价值，而另一些员工则会考虑如何拉动客户数量增长来获取更多的利润。如果每个人都以这种方式按照自己所理解的理性行事，公司的经营就会朝着领导者所预想之外的方向前进。部分优先和总体优先之间也存在差异，即使组织内的每个部门都表现出合理性并取得最大成果，这也并不一定意味着整个组织取得了很好的成果。对于某个部门来讲，也许某种处事方式是最合适的，但对于整个组织而言它却并不是最好的，还有可能拖了整个公司的后腿。

领导者管理团队时，有必要尊重员工所拥有的个人感受以及集体所拥有的非理性，将每个员工的主动性、个性和情绪考虑在内，将一切都向着员工和公司所预想的方向推动。然而，在困难的局面下，情、理之间会产生很多矛盾。

前文提到，在戊辰战争后西乡隆盛中和理性和非理性这两种经常会互相产生反作用的力量，尽可能让它们在同一方向上起作用，这就是最为高明的权力运用的技巧。在决定胜负的关键时刻，每个人都希望拥有这种能力。本来，对中和两种力量并没有所谓的实例或标准答案，领导者自身因为不得不面对这两种势力，只能在被这两种力量困扰的同时，再去寻找更好的解决方式。通过努力，一定会找到在这种状况下能够发挥作用的最佳方案，但最基本也是最重要的前提就是千万不要逃避。

请不要逃避世间的情、理交融，勇于面对受困于两者之间的自己。

日本不注重结果主义的理由

感情和道理的区分与磨合在公司重组的时候是一个很棘手的问题。在公司重组时，削减开支是不可避免的，正常情况下可以考虑的方案有裁员和降低公司所有员工的工资标准这两种。但其实还有第三种选择，也就是所谓的结果主义。

公司如何重组，取决于在这三个选项中选择哪一个，但其实并没有所谓的标准答案，只是有必要了解员工是什么样的类型，然后再进行选择。例如，某化妆品销售公司必须削减销售人员的相关费用，如果那家公司的销售人员具备强烈的竞争意识，并且有很好的竞争氛围，就完全可以引进结果主义。销售业绩非常好的员工，得到相应的收入是理所当然的，相反，销售业绩不好的员工，拿到手的报酬就会相应减少。从宏观上来看，也会在整体上起到削减费用的作用。

如果销售人员之间没有强烈的竞争意识，反而非常重视团队合作并且有互相帮助的精神，还是建议采取降低全员工资的方案。从理论上来说，引进结果主义可能会使相关费用得到削减，但从情感的角度来考虑，它会破坏来之不易的团队精神，并且存在员工工作热情减退的风险。因此，降低全体员工的工资标准将更加适合这样的公司，这样才能保证公司和员工在公司重组中受到的影响最小。

日本公司原来通常会采用降低全体员工薪资的做法，其根本原因在于日本的经营者并不喜欢与人发生摩擦和冲突，只想和周围的人把同僚之情很好地保持下去。综合权衡之后，感觉还是降低全体员工薪资是上上策。另外，对于那些面对工作毫无热情，每天只想着早一点儿下班去到处玩乐的员工，我认为更加适合裁员这种方案。不仅能通过裁员来削减公司的人事费用，还可以起到"杀一儆百"的作用，让其他的员工产生危机感，这样大家就会拿出全部的热情去工作，以保证用更少的人做更多的工作。

　　无论是哪一种情况，如果能够巧妙地捕捉到销售人员的集体风格，就能了解到公司应该更加倾向于执行哪种奖罚制度，重要的是把握好感情和道理的平衡点，然后再去运用手中的权力。顺便说一下，在最初的裁员、降低全体员工薪资和结果主义中，对很多的大型公司而言，有魅力的是结果主义。承诺给取得业绩的员工更丰厚的报酬，大幅度减少无法取得业绩的员工的报酬，这在他们的眼里是非常合理的决断。认真工作的人和每天混日子的人待遇是一样的，那些认真工作的员工就很容易会产生不公平的感觉。另外，如果断然执行裁员政策，公司从上到下，都会在短期内变得辛苦很多。

　　有一个很有意思的情况，许多人在听取了投资顾问和经营者的意见以后，都更倾向于结果主义，知识分子型的经营者也一样。但从我的经验来看，结果主义并没有被很多公司运用，这一点让我十分意外，原来日本公司的员工价值观和动机，在很多情况下与结果主义并不相符。在日本企业中，力量的源泉大多来自集体，由集体共享相同的信息，然后从中得到启发。根据每个人的意见，在原有的基础上让成熟的想法趋于完美，提炼出精髓，从而通过这种集合所有人智慧的结晶让公司取得更大的利益。

在以集体知识为核心的公司引入个人结果主义，团队就会发生质的改变，这会导致迄今为止无法摧毁的团队精神被冲击，资源共享的意识将不复存在，公司员工之间也会出现隔阂，无法集中各自的技术能量来完成一件事情。最终导致的结果就是组织的生产率极速下降，优秀的员工选择跳槽。结果主义在这样的公司里很容易演变成一种"自杀式"的行为。

结果主义本身并没有问题，只是要看引入的公司的具体情况。例如：在投资银行这样的组织中，结果主义就可以发挥出非常积极的作用；在体育界，结果主义也非常容易让运动员取得更加优异的成绩。职业棒球和足球联赛如果没有结果主义，运动员就不可能维持着高水平，也无法在世界级的比赛竞争中取胜。但，在什么时候采用结果主义，什么时候采用降低全体员工工资的方案，要取决于领导决策和实际情况。

企业经营没有标准的解答公式

面对危机却无法发挥任何管理能力的领导者通常存在一个共同点，就是他们中的大多数人只知道寻找解答公式。听取成功经营者和经济学家的意见，阅读经济书籍和商务书籍，期望依靠这些方式来获得解决问题的答案，将自己的洞察力和判断力放在一旁，盲目地套用所谓的标准答案进行改革。但正如在第一章中所说的那样，这正是一些没有经历过挫折的人的想法。世界上根本就没有什么标准的解答公式，在公司经营方面，根本不存在"按照这个模式发展，就一定会成功"的情况。

说起来，经济学者知道经济动向本身其实就是很奇怪的一种现象。因为经济学者所分析和考虑的事情都是桌面上的道理，把人类看作经济性的动物，考虑到经济的合理性行动并进行模式化。但现实中的人是反复无常的，行为举止完全不可控。所以会有"提高消费税的话，消费水平就会下降"或者"如果完善社会保障制度，个人就会停止储蓄去消费吗"诸如此类的话题。虽然有很多议论，但如果不试试看就永远无法知道真实的结果。人是情感的动物，同样的一个现象，因为人和人之间的差异，接受的方法也不同。并不是像经济学所设想的那样一定会采取合理的行动，即使以经济学为基础经营公司，也会有很多失败的案例。

如果真的有这样一个标准的解答公式，商务人士也就不用每日辛勤工作，时刻关注经济动态，活得那么辛苦了。正因为无法摸透人的消费行为，所以才会不断出现失败的状况。因此，很多的领导其实在经营过程中是在不断更换失败的经验中学习，这种方案有欠缺，那个方案感觉还可以再完美一些等，权衡所有因素之后再去付诸行动。当然，结果还是有好有坏，如果不能按照自己的设想实现目标，那就只能继续改善自己的经营方式。这也是所谓的心理战的一种，即使是只卖一个小小的物品，也要懂得顾客的心理，考虑到他们的购买点在哪里。

权力者时时刻刻都把揣摩客户心理放在最重要的位置，如果被对方认为"怎么可能有这么好的事"，也许对方就会看出事情的端倪，产生的莫名恐惧感会让他选择放弃购买或者赶快远离。但有时也需要给对方带来比较大的压力，让对方完全按照自己的想法来做，为此，偶尔要运用权力来操控。人与人较量的时候，最后要看的是谁的心理承受能力更强大。

领导如何抓住人心、利用人心，多数是根据他的经验。年轻时经历过很多失败和挫折的领导更擅长揣测人心，即使不能做到百分之百了解，也要比普通人好很多。如果非要读一些书的话，我建议最好还是一边体验这样的经历，一边多读一些经典著作。在文学、哲学、历史学、政治学、经营学等任何一个领域潜心研究的话，就会发现不管哪个学科都在试着探寻事物的本质以及人性。只有综上所述的条件一一具备，才能明白所谓的标准答案是只有自己经历过挫折和失败，在此基础上又经过多方面的不断学习才能得到的那个结论。

在困境中，只有领导者亲身遭受水深火热之后得到的经验，才能真正帮助他揣摩人心，更好地承担企业领导者的责任。

历史小说的解读方法

要体验权力这一点，除了使用自己的权力以及从被权力支配的过程中获得经验之外，也可以从历史中学习。不少公司的经营者和股东，都喜欢读历史小说，看司马辽太郎和盐野七生的小说，想要从历史中吸取经验，但实际上有用与否是很难断定的。

问题出在读法上，要是只把历史当作英雄的故事来读，那就什么也得不到了，虽然把历史当作英雄典故来阅读是很有趣的。作者会把某个人物作为一种理想的形象来描写——很多创作者都会把历史人物写成英雄，但读者看过之后只想着希望自己也可以像坂本龙马或是织田信长那样就结束了，除了自我陶醉以外，并没有什么可取之处。

　　如果你从心理战的角度来阅读一本历史读物，那么很多内容就都可以作为参考。应该把金钱和权力体现在哪里，会出现什么相对的反应；在两种权力抗衡，意外的第三方能够影响局势的时候，哪里会产生权力上的空隙；在制度上拥有强权的人，为什么会遇到无法行使权力的情况；等等。应该把关注点放在这些地方去仔细阅读，好好体会。另外，如果用巧妙的方式来理解历史人物的心理，就会发现在整个历史长河中是不可能只有一个英雄的。人与人之间的相互作用，才创造了历史。只有天时、地利、人和，才会出现很了不起的历史人物。

　　幕府末期，萨摩藩的最高领导者岛津久光就特别具有代表性，他本应该进行"公武合体"运动，不知什么时候，因为部下们的暗中活动而变成了倒幕的急先锋。他当时想到如果倒幕成功的话，自己也能得到无上的权力，却在不知不觉中连自己的领地都被瓜分，只成为一个徒有其表的傀儡，他本人是否能想到是这样的过程和结果呢？这样来看，需要读者从不知道结局的角度来体会，如果知道了结局就无法深刻地再进行剖析。所以，不去了解登场人物的内心，只是简单地把历史小说看了一遍，并不会在自己的脑海中留下什么印象，也不会记得有什么值得学习的内容。

在不知道结局的情况下，试着把自己放在那个历史人物的位置上，看看自己会有什么样的想法和行动！再根据实际的历史演变对照，作为读者，你会产生很多的思考。从这个方面对自己进行模拟训练，会发现自己在历史的浪潮中会不断地遭遇失败，甚至最后会被杀害。然而，发现人类之间是如何相互作用的，明白历史也会逐渐地产生变化，才能真正发挥权力的作用。

如果自己不知道之后的历史的结果，就活在要做出抉择那一刻，那你会思考什么，感受到什么，又会怎样去行动呢？

历史上那些由金钱引发的战争

纵观历史，有一个久久萦绕于我心头的事情，就是古人对于金钱的执着。理想和意识形态是无形的，无论是多么悠久的历史或知名的人物，在其背后也有无法描绘的部分，其中最为典型的是与金钱有关的部分，从这个方面也可以在一定程度上窥见事物的根源。

金钱的重要性已经不需要赘述，没有钱，什么都做不了。人们不能购买粮食和衣物来保证吃饱穿暖，国家也不能制造和购买武器进行国防，除此之外，还有太多太多的事情都需要金钱。为了得到钱，领导们会在某些时候针对某些事情使用一些见不得人的手段，也会对很多事情做出妥协。即使是日本战国时的武将，表面上看起来他们只关心战场，一心一意地为了打仗，但他们实际上最关心的也还是金钱。维新时期的领导人很会欠债，多数都很擅长敲诈勒索，都是当时社会上惹不起的人物。只是关于金钱的部分太肮脏，很难留下蛛丝马迹。史料中，很难留下关于这方面的具体内容，但当你仔细地阅读，还是可以观察到一派与之前完全不同的景象。

在看关于坂本龙马的故事时，如果从金钱的角度来看，应该就会有很大的疑问。坂本脱离土佐藩之后变成了浪人，组建了由脱藩浪人组成的结社性质的龟山社中，他本人几乎没有赚钱，但从来没有表现出因为钱而陷入窘困的迹象，他到底是怎么生活的呢？有人认为因为他的家庭很富裕，所以有可能是家乡有人给他邮寄钱物，但即便是亲人给的钱也是有限度的。另外还有，坂本龙马是间谍，各方代理的话题也会随之而来，那么是谁因为怎样的想法而开始找到坂本的呢？仔细思考的话，其中乐趣无穷。因此，我们也完全可以从这方面了解到现代人际关系中的现实主义的一面。

从现代社会来说，这些都是政治资金问题，谈论政治故事或是政治家的时候，最有话题意义的也是这一部分。政治家并不是不食人间烟火，现实中，即使只是赢得一个初期的选举，也是需要钱的。

经营的目的就是为了获得盈利，也就是赚钱，经营本身也是为了这个目的所运用的手段。没有钱就不能支付员工的薪资，也不能对未来进行投资，更不能进行更加先进的研究和开发。对于一家公司来说，每一个地方都是需要花钱的。

试着看清楚隐藏在历史背后关于金钱的流动，因为真正决定胜败的是经济，也就是金钱。

权力是让人行动的源泉

如果不断地削减权力方面的累赘，会留下什么呢？所谓的权力，那种可以让人顺从的力量的源泉是什么呢？对于公司的经营和管理来说，权力就是人事权和金钱的分配权。

在与别人有意见分歧的时候，或者因为下属不服从上司的领导而陷入统治能力的危机时，能够拥有人事罢免和决定资金投入与否的权力，在经营管理中是相当于政界的军事力量一样的存在，其结果是让人和金钱都可以掌握在自己的手中。即使是没有威望和能力的人，只要得到了这两个权力，那些想出人头地的人，或是想要拥有更多的人都会选择向其主动靠拢。

　　人事权和金钱的掌控权其实和世间万物一样，都有利也有弊，在权力争夺中是一把双刃剑。人事也好，资源分配也好，都能反映出领导自身的意志，所以当行使某一项权力后，一定会让一部分人产生怨气。就像有人升职，就会有人被降职；在这个项目上面增加有限的资金，在另一个项目上面就会相应减少资金的投入。你所提拔的人在得到金钱和地位后自然会很高兴，但因此被降职、被减薪的另一些人和部门的心情也一定要同时顾及，千万不要盲目认为得到了公司全体人员的一致信赖。

　　除此之外，人事权和金钱的分配权有一个特征，那就是如果无节制地行使，它所代表的权威和影响力就会逐渐下降。在人事权和金钱分配权的行使上，都存在着作用递减的法则。因为人在习惯了某件事情以后，非常容易进入麻痹状态。同理，当人习惯了人事权和金钱分配权的庇佑以后，对人事权和金钱分配权都会渐渐产生麻痹的感觉。

　　举个简单的例子，当一份工作的收入是一百万日元的时候，初期人们都会认为这是一笔巨款，即使支付方在这

　　一百万报酬里面添加了很多附属条款，人们也会欣然接受。在这之后，如果一直都是一百万日元的收入，人的思想渐渐就会发生改变，逐渐对一百万日元的金额产生麻痹，再不会像当初那样认为是一笔巨款了。同时，也会开始特别在意对方附加在这一百万日元上面的那些条款，甚至会选择不去履行。因此，如果想让那样的人继续认真地履行职责，只能选择支付更多的金钱，但这也只是暂时的解决方法。如果有更多的需要，只有选择支付更多的钱，而且收获的效果将会逐渐递减，到最后，花的钱越多，越是得不到鲜明的效果，人的地位也一样。

　　金钱和地位都是有顶点的，不能无限制地使用，需要学会如何能更加有效地利用。当你遇到无论是金钱还是地位对一个人都不起效果的情况时，也许就是让你重新考虑的时刻到了。首先是权力的控制，不乱用、不滥用，只有在真正的对决中才运用。那时，瞄准对方的弱点出其不意地运用，完全发挥出其该有的作用。另外，在日常生活中，要尽量使用具有正统性、权威性的软实力去影响人们，让自己的意志和方针得到下属们的理解与支持。

那么，如何掌握那个软实力呢？只能说因人而异，每个人的方法都不可能完全相同。有的时候，血统也会成为正统性的源泉；有的时候，人的威望和魅力决定胜负。只是，需要你自己经常扪心自问：在金钱和地位都不能使用的情况下，自己究竟会对组织成员产生多少的影响？不要去躲避真实的答案，持续地问自己，并找出问题所在。

权力可以来自人事权和金钱的分配权，但它也是一把可以伤到自己的双刃剑。因此，软实力的影响是很重要的。

把掌权者拉下神坛的是什么？

　　管理者为了完成自己的使命，实现自我价值和公司价值的最大化，必须长时间地稳固自己的权力，或是站在能给权力带来影响的立场上。如果在实现价值之前被人从领导岗位拖下来或是出于某些原因被迫离开领导岗位，事业自然离成功越来越远。拥有权力的人得到了强大的力量，在权力斗争中可以占据对自己极为有利的地位。但是在中途倒下的权力者，更多的是想正经做工作的人，那么，权力者应该警惕什么呢？

　　以我的实际经验或看到过的事实为基础，我认为主要有三个因素。

　　第一个是嫉妒，特别是来自知识分子型的同事的嫉妒和来自同性的嫉妒是一定要注意的。他们认为，你成为掌权者这件事情本身就是不公平的，认为你只不过是走运而已。更何况你越想完成正确的改革，离成功越近，这种嫉妒的火焰就越来越旺。对方也许会产生"我也一直在考虑同样的事情，如果不是那次不公平的人事调动，我得到的荣誉与称赞一定比你的还要多"的想法，这与敌我立场无关。最危险的存在就是这些摇摆不定、无法分清立场的人。

　　从我个人的经验来看，在知识分子型的一类人群中，绝对不可能开诚布公地吐露心中的这种想法，多数人都会选择在背后使用一些见不得人的伎俩来拖领导的后腿。很典型的一个例子就是，在某一项改革中，在公司高层与客户之间做一些不好的周旋，对社长、店主等公司的管理者进行大肆渲染，引发怨恨，努力促成舆论的发酵。这样的怨恨持续累积到一定程度的话，会产生一种巨大的力量，也因此可以成为压倒人的最后一根稻草。因为很多人是有嫉妒心的，特别是强调自己权益的日本人，嫉妒是影响力非常强大的一种显著心理状态。所以，集财富和权力于一身是很危险的。就像《奥赛罗》里的伊阿古那样，那种嫉妒是存在于所有人内心深处的，我自己也不例外。

第二个需要注意的是那些失去一切被逼到穷途末路后只能绝地反击的抵抗势力。在裁员之际，非常注重地位和面子的那些人的斗争手段充其量就是写一些奇奇怪怪的文章让周刊杂志报道，肯定不会做出特别过激的行为。但那些失业导致无法生存或是因为失业无法支付孩子学费的人，是会和你拼个鱼死网破的，面对一个强大的对手，他们甚至会赌上自己的身家性命来对抗。考虑到他们的迫切心情、他们的情绪还是可以理解的，所以，对于站在这种立场上的人是必须要重视的。而且，为了不破坏处于真正弱势一方的人的人生，公司改革就应该尽早着手。如果是在那个阶段，也可以为对方留出寻找下一份工作所需要的时间并给予相应的帮助，M&A公司员工甚至在不被解雇的情况下也可以做生意。

第三个是来自当权者自身的表现欲。第一个因素"嫉妒"，是周围的人因为嫉妒心而变得对当权者产生敌意。因此，当权者为了缓和这一点、避免事态变得更加严重，就必须选择放弃财富、名声或权力本身。试想一下，一个手握大权的人，拿着钱在高级住宅地建造别墅，并且频繁地出现在各大报纸头条，接受大众的称赞，受到很多人的欢迎，并且在商场上一帆风顺，光是以上这些原因，想在生活工作中不被别人憎恨、嫉妒也是很难的。因此，当权者一定要时刻控制自己的表现欲，否则，随着时间的推移，周围越来越多的人会希望你早一点遇到大麻烦，早一点下台。因为在现实生活中，除了父母，很少有人会真正希望你过得好。但是，作为一个领导公司改革创新的人，当自己内在的能量比别人的更强时，表现欲也更强，这才是人生最艰难的地方。

以上的这些话，受益者不仅限于那些顶尖的管理者，对于处于中层领导职位的人们也同样有益，因为小组织和部门的人际关系相对而言更加密切，所以最好要时刻保持警觉。虽说这种警觉并不是万能的，但还是有一定的预防效果的。最重要的就是在平时的工作生活中，要重视与职场上比自己弱势的一方建立起互相信赖的关系。他们之中的大多数都是

比你年轻的人，为了让他们成长，过上更好的人生，希望你
不要吝惜你的资源来支持他们。

　　这样的话，比你年轻的他们恐怕就不会嫉妒具有优势的
你了。老年人批评年轻人的根本原因其实是对年轻人的嫉妒。

领导者为什么会形成善变的人格

从权力和掌权者这个角度来看，如果能真实地考虑关于领导的一切，就可以真正认识到，作为一个领导者，要想全心全意地履行领导职责是多么辛苦的一件事。当一个人身处的职位越高，责任越重，需要考虑的事情也会越多。一个以博弈群雄的气势主张改革的公司董事一旦成为公司的最高领导，其为人处世将会变得无比保守和谨慎。这样的案例数不胜数。

领导者在运用权力时的动机是好是坏，面对困难问题时会偏向哪边，如何面对冷酷的现实与情理之间所产生的种种矛盾，都是一个当权者地位越高越无法逃避的问题。在领导者自己的认知中，对于整体利益和部分利益、手段的正当性和目的性、经济的合理性和人类的情理这些问题，必须靠不断树立理想和信念来解决，而且要学会在前进的过程中与现实主义达成共存。

内村鉴三和马基雅维利都曾提出过"人格的共存"，字面理解为一个人的多重性格。这在我们周围的人里是不常见的。能够很好运用权力的领导者或多或少都存在这方面的天赋，能将两者合二为一，也可以称之为某种"疯狂"。我亲眼看见过各种各样的领导，包括我自己，也在履行这样的职责。处理公司日常工作的温厚和直面竞争时的奋勇，都是在不断的失败和挫折的积累中养成的能力，我认为这才是终极的逆变力。你遇到过这样"疯狂"的领导吗？你能在自己身上看到这种"疯狂"吗？你还有为远大目标而"疯狂"努力的自信吗？

内村鉴三的人格和马基雅维利的人格的共存协作，就是所谓的"疯狂"。

后　记

　　所有人都将在历史中留下自己的印记，现在的年轻人终究会不情愿却又无可奈何地迎来越来越迷茫的时代。在现实人生中，到底应该怎样做才能让自己的人生充实而愉悦呢？当然，每个人的心中都有很多不同的答案。在本书中，以我们这一代人、年轻人以及公司中层管理者的视角来提问，我把自己的亲身经历和所思所想总结出来。因为大部分都是我自己直接或间接的人生经验，所以并不是具有学术性、哲学性的人生道理，也未必适用于很多人，所以请大家根据自身的条件和想法参考一下。如果可以起到一些作用，对于我来说，这本书的意义就已经足够了。

　　每个人都会拥有自己独特的人生，在当今这个时代会越来越明显。正因为如此，对真实的你来说，继续追问现在的生活方式是不是你自己所期望的也会越来越重要。越是拼命想这个问题，挫折离自己也会越近，但通过挫折接近答案的机会也会大大增加。

还是重复以前的话，我并没有写出一本给很多人提供标准答案的书，因为在你的人生中，能找到正确答案的只有你自己。思考，行动，然后再思考，希望你能像万花筒一样创造出属于你自己的丰富的人生。如果在这个过程中，遇到了无论怎么努力和挣扎都无法找到出路的重大挫折，希望你能鼓起勇气，拥有不畏险阻也要迎难而上的气魄。千万不要犹豫不决，不要拘泥于你当下拥有的东西，勇敢一点。真正不可替代的东西实际上真的很少，我相信未来属于年轻的一代。

在本书的后半部分，特别是第四章以后，我有意识地写了中层管理者以及身处更高职位的管理者或者以此为目标的人所面临的挑战。

最后，我想把内村鉴三先生的声援送给新一代的领导们。

在如今的社会上，可以听到很多类似"现在的年轻人都是草食系"，或者"现在的年轻人很内向"这样的话，但是，当面对关于贸易自由化或是限制改革的讨论时，倒不如说只有上一代的人会一直倡导闭关锁国。上一代人坐拥财富和地位，在政治舞台上属于多数派，又成功地逃避了社会保障制度，他们没有必要考虑去减轻年轻一代的负担。在这种情况下，作为站在社会唯一入口的年轻人，生活已经是非常不容易的了。从这个角度来说，现在的年轻人其实是很厉害的，能够迅速地适应自己生活的环境并且为可以更好地生活下去做好准备，真的非常了不起。

　　今后的日本，如果不找到一种更好的方式，也许将会逐渐衰落。很明显，第二次世界大战后的社会经济制度一直处于崩溃边缘，上一代人留下来的续命政策的账单，作为巨大的公共债务将会无情地转给未来一代。因此，最后的问题就是，在找到更好的模式时，日本年轻人是否依然拥有在世界上值得夸耀的传统和美德以及能否立足于未来的日本社会，面对这个问题，其实我们是要相信未来的年轻一代的。从古代佛教、汉字和律令制度的传入，到明治时期的西洋近代化，第二次世界大战后的美国文化和大量生产技术的流入，日本彻底把外来的文化和技术进行本土化，并且更好地提升了外来文化和技术。没关系，日本人很厉害，特别是现在的年轻人，在平均水准上，一定会高出年长一代很多。

本田在20世纪60年代正式加入汽车市场，国家在这一方面的政策也被一分为二。为了对抗欧美车企，日本政府的保守派建议，在汽车产业保护的管制下合并国内车企，以集众家之所长，但本田汽车这一突然的举动，正式地拉开了保守派与改革派的争斗。最终，本田被认可，1963年开始了汽车的正式生产，当时的国家和国民理性地相信了工厂走出来的本田宗一郎这个年轻日本人。本田汽车的标准在1974年成功通过美国当时最严苛的环保政策"马斯基法案"。这使日本汽车"便宜没好货"的形象改变，"三巨头"的风头被本田压制，日本车席卷了整个北美。

在国际层面，激烈竞争的胜出者中，无论是农业、制造业，还是服务业等，存在着很多优秀的日本年轻人。他们能够认真面对每一次挑战、应对每一个细微的变化，因此，我的答案依旧很明确，我相信这些年轻人的潜力，相信他们一定能重新创造出一个新的时代，就像前代人相信坂本龙马和胜海舟那样。

　　我们这一代以及更早的一代也许很快就会消失在历史的长河中，我们所拥有的影响力也会随着自身的消失而消失。如果让我们现在面对时代给予我们的挑战，也许我们会在关键时刻做得一无是处。

　　年轻人，不要慌张，在这个世界，痛苦、失败、沉沦，对你来说都是一种历练。很快，你们的时代就会到来，那个时候，这样培养出的逆变力一定会对你大有裨益。